참 쉬운
평생 반찬
요/리/책

참 쉬운 평생 반찬 요리책

초판 1쇄 발행 | 2022년 06월 07일
초판 11쇄 발행 | 2024년 11월 15일

지은이 | 노고은 지희숙
포토 & 에디터 | 이인이
스튜디오 | 세상의 모든 레시피
어시스턴트 | 김윤희, 이예진
펴낸이 | 최화숙
편집인 | 유창언
펴낸곳 | **아마존북스**

등록번호 | 제1994-000059호
출판등록 | 1994. 06. 09

주소 | 서울시 성미산로2길 33(서교동) 202호
전화 | 02)335-7353~4
팩스 | 02)325-4305
이메일 | pub95@hanmail.net|pub95@naver.com

요리연구가와 조리명인이 만든 반찬 233

참 쉬운
평생 반찬
요/리/책

노고은 지희숙 지음

아마존북스

프롤로그

집밥,

고향에 계신 어머니의 손맛을 떠올리게 하는 단어입니다. 어린 시절, 친구들과 놀다가도 식사 때가 되면 집으로 들어와 따뜻한 밥을 먹었습니다. 조금 자라 학창시절에도 학교에서 돌아와서 제일 먼저 하던 일은 냉장고 문을 열어 이것저것 꺼내어 먹는 것이었습니다. 사회에 나와 바쁘게 지내다가도 집밥을 먹으면 마음이 편안해지고 위로받는 느낌이 있었습니다. 집밥이란 저에게 위안이 되는 존재입니다.

맛있지만 자극적인 외식에 지치고, 서툴더라도 건강하게 요리를 만들어 먹고자 하는 분이 많아져 집밥에 대한 관심이 높아졌습니다. 하지만 오늘 뭐 먹지? 아이 반찬은 무엇을 해줘야 할까? 손님이 오면 무엇을 차려내야 할까? 어머니들 사이에는 돌아서면 밥, '돌밥'이라는 말이 나올 정도로 매 끼니마다 어떤 메뉴를 만들어 먹으면 좋을지 고민하다 보면 머리가 아프다는 말도 들었습니다. 혼밥을 하시더라도 아마 메뉴에 대한 같은 고민을 하고 있을 것입니다.

어떻게 하면 더 쉽고 맛있게 만들어서 먹을 수 있을지, 집밥을 먹으며 단순히 배고픔을 달래는 수단이 아닌 마음을 달래줄 수 있는 음식이 어떤 것이 있을지, 누군가에게 따뜻한 마음을 담아 해줄 수 있는 요리가 무엇일지, 고민에 고민을 거듭해 메뉴를 선정하였습니다. 같은 요리라도 조금 더 맛있게 만들 수 있는 레시피로 직접 만들어 보고 책에 담았습니다.

구하기 어려운 식재료가 아닌 주변에서 쉽게 구할 수 있는 재료들로 233개의 레시피를 소개하여 '평생 반찬'의 제목이 어울리도록 만들었습니다.

많은 분들이 요리를 만들면서 가장 어려워하시는 부분이 양념에 대한 부분이었습니다. 때문에 요리에 맞는 양념 재료의 조합과 재료 사용량, 넣는 방법과 순서를 상세하게 적으려고 하였습니다. 일상적으로 접하는 요리뿐만 아니라 잘 알고 있는 메뉴라도 새로운 조합으로 소개하여 다양한 레시피를 책에 담고자 노력하였습니다. 레시피와 함께 팁을 소개하여 요리를 더 맛있게 만들어 줄 노하우도 충실히 적었기 때문에 맛있는 요리를 하실 수 있을 것입니다.

책 이름처럼, 소개해 드린 메뉴를 바탕으로 반찬을 만드신다면 평생 반찬 고민은 내려놓으실 수 있을 것입니다. 이 책의 레시피를 교과서처럼 기본으로 삼아, 각자의 입맛에 맞춰 간과 당도를 조절하고, 대체 재료로 소개한 식재료와 새로운 재료에 양념을 적용하여 다양하게 응용해 보시기 바랍니다.

이 책을 통해 집밥을 사랑하는 분들이 반찬 고민을 덜고, 건강하고 맛있는 요리를 만들어 입으로는 즐거움을, 마음으로는 작은 위로를 받을 수 있기를 바라봅니다.

노고은, 지희숙

Contents

프롤로그 … 4

계량법 … 12

자주 사용하는 재료 … 14

식재료 보관법 … 16

식재료 잡내 제거법 … 18

이 책을 보는 방법 … 19

Chapter 1
매일 반찬

22   소고기메추리알장조림

24   애호박건새우볶음

26   어묵볶음(+마라)

       김볶음

27   파래달걀말이

       명란달걀말이

28   진미채간장무침

29   진미채고추장무침

30   취나물볶음

       고사리볶음

31   두부조림

32   꽈리고추찜

       꽈리고추멸치볶음

33   다시마멸치조림

34   건새우견과류볶음

       마늘종건새우볶음

35   달걀장조림

36   무나물

       무청시래기청국장무침

37   건유채나물볶음

       부추나물

38   미역줄기볶음

39   반건조가지나물볶음

40   호박고지나물볶음

42   느타리버섯볶음

       미니새송이버섯볶음

43   말랑콩자반

       땅콩조림

44   숙주나물무침

45   매콤콩나물무침

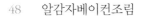

Chapter 2
볶음·조림

48 알감자베이컨조림
50 김치참치볶음
51 감자채스팸양파볶음
　 마라감자볶음
52 마약달걀
53 고추장감자조림
54 표고버섯조림
55 오이닭가슴살볶음
56 토마토달걀볶음
57 토마토가지볶음
　 매콤알감자조림
58 소시지채소볶음
　 소시지감자카레조림
59 돼지고기양배추볶음

60 돼지고기두루치기
61 돼지고기숙주볶음
62 제육볶음
64 마늘종소고기볶음
　 오리주물럭
65 오리불고기
66 단호박훈제오리볶음
68 주꾸미볶음
69 바지락볶음
70 고등어무조림
　 갈치조림
71 코다리조림
72 마파두부

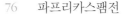

Chapter 3
전·구이·튀김

76 파프리카스팸전
77 애호박게맛살전
78 두부전
79 양파참치전
　 옥수수참치전
80 시금치전
81 배추전
　 부추장떡

82 팽이버섯전
83 해물파전
　 김치전(+치즈김치전)
84 톳전
85 동남아식굴전

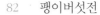

86 모둠전
(깻잎전, 새우전, 고추전, 육전, 표고버섯전)

88 가지튀김만두

89 가지전

90 고구마볼튀김

91 표고탕수육
꼬막탕수육

92 표고버섯밥전

93 갈치구이
연어구이

94 삼치구이
고등어엿장구이

95 황태구이
황태껍질강정

96 간장닭다리구이

97 마늘닭강정

98 불고기
오삼불고기

99 콩나물불고기

100 등심양념구이

101 등심찹쌀구이

102 LA갈비구이

104 찹스테이크

106 애호박피자
수제돈까스

107 나물밀전병

108 코다리양념구이

Chapter 4
무침

112 부추무침

113 오이무침

114 오이지무침

115 배추청국장무침

116 도라지무침

117 마늘종무침
달래무침

118 아삭이고추청국장무침

119 구운새송이무침

120 구운가지무침

121 느타리버섯들깨무침
느타리버섯흑임자무침

122 유채나물청국장무침

123 건파래무말랭이무침
간장파래무침

124 파래굴무침

125 상큼톳무침
강황두부톳무침

126 꼬막무침(+꼬막비빔밥)

128 미역무침

130 해파리냉채

131 감말랭이무침
   흑임자청포묵무침

132 골뱅이도토리묵무침
   미나리꼬막무침

133 오징어미나리무침

134 닭가슴살수삼냉채

136 육회
   홍어무침

137 묵말랭이잡채

138 더덕무침

139 시금치더덕무침

Chapter 5
국·찜·탕·찌개·전골

142 알탕

144 육개장

146 순두부찌개

148 어묵탕

149 김치참치찌개

150 부대찌개(존슨탕)

152 햄짜글이찌개

153 달걀찜
   시래기바지락된장국

154 배추된장국

155 된장찌개

156 청국장찌개
   검정콩비지찌개

157 돼지고기김치찌개

158 돼지고기묵은지찜

159 소고기뭇국

160 소고기김치찌개

161 황태미역국

162 바지락미역국

163 들깨감잣국

164 모둠버섯전골

166 오징어뭇국

167 홍합탕
   토마토홍합찜

168 갑오징어닭볶음탕

170 들깨삼계탕

171 찜닭
   동태찌개

172 LA갈비찜

174 매운돼지갈비찜

176 대패삼겹살김치롤찜

Chapter 6
밥·면

180 간장비빔국수
181 과일비빔국수
　　　미나리비빔국수
182 김치덮밥
183 갓김치볶음(+갓김치덮밥)
184 가지덮밥
185 마늘표고버섯영양밥
186 연어장(+연어덮밥)
187 오징어볶음(+오징어덮밥)

188 오므라이스
189 밥버거
190 옛날떡볶이
191 간장떡볶이
192 곤드레밥
　　　짜장덮밥
193 잡채
　　　해물잡채
194 토마토낫토밥

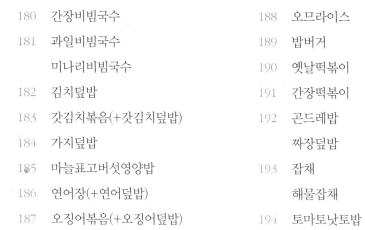

Chapter 7
김치·젓갈·장

198 과일배추겉절이
199 무생채
200 무장아찌
201 양파장아찌
202 고추장아찌
203 아삭이고추물김치
　　　아삭이고추소박이
204 매운고추피클
　　　비트피클
205 오이피클
　　　양배추피클

206 오이물김치
207 돌나물물김치
208 오이소박이
210 나박김치
212 파김치
213 섞박지
214 열무김치
216 갓김치
218 파프리카물김치
219 토마토김치
　　　샤인머스캣김치

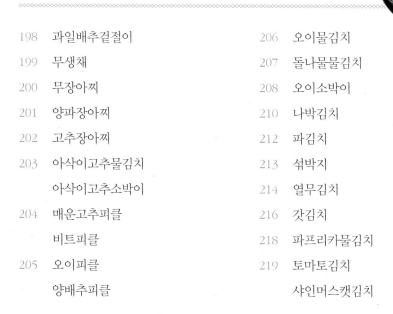

220	땅콩새싹장아찌	224	소라장	
221	김장아찌	225	우렁강된장	
222	간장게장	226	오징어젓무침	
223	양념게장	227	어리굴젓	

Chapter 8
샐러드·디저트·음료

230	추억의 과일사라다	239	토마토마리네이드	
231	연두부참깨샐러드	240	약식	
232	도토리묵카나페	241	대추청	
233	묵말랭이샐러드		생강청	
	게맛살샐러드	242	자몽청	
234	영양부추굴샐러드	243	키위레몬청	
236	영양부추문어샐러드	244	삼색식혜	
237	구운버섯샐러드	245	수정과	
238	단호박샐러드			
	단호박죽			

Chapter 9
만능소스

248	맛간장	250	만능청국장양념	
	만능요리간장		만능고추장양념	
249	만능장아찌간장	251	만능육수	
	만능조림양념장		다시(육수)팩 만들기	

INDEX(가나다순) ··· 252

계량법

숟가락 계량

 가루

소금(1스푼)

소금(1/2스푼)

소금(1/3스푼)

 액체

간장(1스푼)

간장(1/2스푼)

간장(1/3스푼)

 장

고추장(1스푼)

고추장(1/2스푼)

고추장(1/3스푼)

손대중으로 재기

달래(1줌)

시금치(1줌)

소금(1꼬집)

눈대중으로 재기

대파(1/2대)

애호박(1/3토막)

종이컵 계량

육수 1컵(=200ml)

육수 1/2컵(=100ml)

육수 1/3컵(=약 70ml)

자주 사용하는 재료

양파

무르지 않고 단단하며 껍질이 선명하고 잘 마른 것.
들었을 때 묵직하고 크기가 균일한 것

대파

흰 부분이 길고 단단하며 광택이 있고 무게가 나가는 것

마늘

껍질이 단단하고 무게감이 있으며 하얗게 부풀어 있는 것

고추

껍질이 두껍고 윤기가 나며 잘랐을 때 씨가 적은 것
껍질이 단단한 것은 매운맛이 강함. 햇살에 직접 말린 것일수록 붉은
빛이 선명

감자

들었을 때 묵직하면서 단단한 것
표면에 흠집이 적고 부드럽고 씨눈이 얕고 껍질에 주름이 없는 것

무

단단하고 하얗게 윤기가 있고 매끈하며 상처가 없는 것
초록색을 띠는 무청이 달린 무

애호박

표면이 고르고 흠집이 없으며 꼭지가 신선한 것. 잘랐을 때 씨앗이 많이 크거나 누렇게 들뜬 것은 오래된 것이며, 손으로 눌렀을 때 탄력이 없는 것은 바람이 들어간 것

당근

표면이 매끈한 것이 단맛이 강하며, 모양은 단단하면서 휘지 않은 것. 주황색이 선명하고 진할수록 영양소가 풍부

오이

굵기가 고르고 꼭지의 단면이 싱싱하며, 초록색이 짙고 가시가 있으며 탄력과 광택이 있는 것

두부

전문점에서 만든 것을 구입. 마트에서 구입 시 성분표 확인하고 팩에 들어 있는 날짜를 확인

기본 양념

설탕, 소금, 간장(국간장, 진간장, 양조간장), 고춧가루, 고추장, 된장, 기름, 참기름, 들기름, 참깨, 후춧가루, 올리고당(or 물엿), 식초, 맛술, 액젓(멸치, 까나리)

+ 양념

올리브유, 케첩, 마요네즈, 굴소스, 참치액, 스리라차소스, 두반장, 통조림 참치 1캔(=100g)액, 파슬리가루

식재료 보관법

양파

껍질을 벗겨 랩으로 감싼 뒤 밀폐용기에 넣어서 냉장보관

오래 보관해야 할 경우 껍질째 망에 담겨 있는 상태로 통풍이 잘되는 서늘한 곳에 걸어두어 보관

대파

손질해 흰부분, 파란부분 나누어서 냉동보관하면 편리(파란 부분은 오래 보관 시 질겨질 수 있다는 점)

신선하게 오래 보관하고 싶다면 구매한 상태 그대로 신문지로 감싸 볕이 들지 않는 서늘한 곳에 보관

마늘

마늘은 통으로 지퍼백에 넣어 냉동보관하거나, 다져서 지퍼백에 넣어 모양을 잡아 냉동보관해 필요할 때마다 꺼내 쓰면 편리. 오래 보관하려면 통마늘을 껍질째 망에 담긴 상태로 서늘한 곳에 걸어두어 보관

고추

꼭지를 제거해 깨끗하게 씻어 물기를 제거한 뒤 밀폐용기에 세워 넣어 보관하거나 어슷썰기, 송송썰기해 밀폐용기나 지퍼백에 넣어 냉장보관해 필요시 꺼내서 사용(더 오래 보관하려면 냉동에 보관)

감자

감자는 껍질째로 직사광선을 피해 통풍이 잘되고 서늘하고 어두운 곳에 보관

비닐보다는 종이상자에 보관(사과를 1~2개 넣어두면 싹이 자라는 것을 방지). 1~4℃의 온도가 적당

무

오래 보관하려면 잎을 잘라내고 흙이 묻은 상태로 신문지나 종이로
감싸 통풍이 잘되고 그늘진 곳에 보관(4∼5℃의 냉장 온도가 적당)

애호박

표면에 물기를 없애고 신문지나 키친타월로 감싸 습기가 적고 서늘한
곳에 보관. 냉장보관 시 야채칸에 보관. 먹기 좋게 썰어놓은 것은 지
퍼백이나 비닐팩에 넣어 입구를 닫아 일주일 정도 냉장보관 가능. 냉
동은 3개월까지 가능(단, 냉동보관 시 식감이 떨어지므로 국이나 찌개
등에 사용)

당근

표면의 흙을 깨끗이 씻고 물기를 제거한 뒤 밀봉해 냉장에 보관하거
나, 흙이 묻은 채로 신문지나 키친타월로 감싸 그늘지고 서늘한 곳
에 보관. 저장조건이 좋으면 6∼8개월까지 품질이 유지되는 저장성
좋은 작물

오이

오이를 냉장에 두면 저온 장애를 일으켜 상하기 쉬우므로 가급적 구
입 당일 먹는 것이 좋으나, 냉장에 보관해야 할 경우 한 번에 비닐봉
지에 넣지 말고 표면에 물기를 제거해 하나씩 따로 신문지나 키친타
월로 감싸 지퍼백이나 비닐팩에 담아 야채칸에 보관

두부

밀폐용기에 두부를 넣고 두부가 잠길 정도의 물을 부어 냉장보관. 중
간 중간 물을 갈아가며 보관

식재료 잡내 제거법

우유에 재우기

우유에 있는 카세인과 인산칼슘 단백질이 트리메틸아민을 흡착하면서 비휘발성을 만들어 비린내가 줄어든다. 닭을 우유에 재우는 경우가 많은데, 신선한 닭의 경우 냄새가 나지 않는다면 우유에 재운 뒤 조리할 필요는 없다.

맛술 넣기

술은 알콜로 인해 식재료의 보존성을 높이고 맛이 좋아지며 윤기가 나게 한다. 청주, 미림이 대표적인데 알콜과 유기화합물이 혼합되면서 비린내가 제거된다.

향신료 넣기

생강은 생강술로 만들어 사용하면 좋다. 술과 생강의 비율은 술 200ml에 생강을 한톨 정도 저민 뒤 우려내 사용한다. 월계수잎, 후추, 파, 마늘, 양파 등의 향신료 및 방향채소는 냄새를 억제하거나 바꾸고 비린내 성분과 결합해 냄새를 없애준다. 또한 무의 매운 맛이 비린내를 줄여주기 때문에 생선조림이나 양념류에 무나 무즙을 넣으면 비린내를 잡는데 효과적이다.

레몬즙 넣기

생선의 경우 레몬즙이나 식초로 비린내를 제거할 수 있고 산에 의한 단백질 응고로 인해 생선살을 단단하게 하여 조리시 덜 부서지게 한다.

장류 넣기

된장과 고추장은 고유의 강한 향이 있고 흡착효과를 가지고 있어 비린내 억제에 도움을 준다.

이 책을 보는 방법

소개한 레시피 인분과
조리시간, 난이도를 알아보기 쉽게
표시했습니다.

가능한 재료의 양을 스푼(밥숟가락)단위로 만들었
습니다. 재료와 양념, 찍어먹을 양념장과, 있으면 더
욱 좋은 선택재료를 적었습니다. 특히 대체재료는
없을 때 쉽게 구할 수 있는 재료나 양념으로 다른
재료를 활용할 수 있도록 소개하였습니다.

양념, 양념장 등 굵게 표시한 재료는 상단 준비 재
료를 참고합니다.

팁으로, 조리 시 필요한 노하우를 담았습니다.

오리주물럭

매콤달콤 오리 보양식

재료	오리고기 350–400g, 양파 1/2개, 부추 1/2줌, 대파 1/2대
양념	된장 1스푼, 설탕 1스푼
양념장	만능고추장 4–5스푼, 청양고춧가루 1스푼
선택 재료	어슷 썬 매운 고추 2개

*대체재료 배효소 ▶ 배음료

만들기

1 오리고기에 된장과 설탕을 넣고 주물러 잡내를 제거한다.

2 양파는 채 썰고 부추는 3–4cm 길이로 썬다. 대파는 어슷
   썬다.

3 오리고기에 **양념장**과 손질한 채소를 넣고 무쳐 간이 배도
   록 10분간 둔다.

4 중약 불로 달군 팬에 오리고기를 볶아 완성한다.

TIP

오리고기를 된장으로 밑간하면 잡냄새를 잡아준다.

* Chapter 9의 만능소스는 이렇게 대체 가능합니다.

만능소스	페이지	대체 재료
맛간장	P248	간장 2스푼, 맛술 1스푼, 매실액 1스푼
만능요리간장	P248	간장 2스푼, 굴소스 1/2스푼, 다진 마늘 1/2스푼, 흑설탕 1½스푼, 후춧가루 약간
만능장아찌간장	P249	간장 1½컵, 식초 1½컵, 매실 1컵, 맛술 1컵, 설탕 1/2컵
만능조림양념장	P249	간장 2스푼, 맛술 1스푼, 매실액 1스푼, 고춧가루 1/2스푼
만능고추장양념	P250	고추장 3스푼, 고춧가루 1스푼, 간장 1스푼, 매실액 2스푼, 올리고당 2스푼, 다진 마늘 1½스푼, 다진 파 1스푼

1

매일 반찬

매일 먹을 수 있는 기본 반찬들을 소개합니다.
쉽게 접했던 반찬들도 한 끗 다른 레시피로 만들면 또 다른 요리가 됩니다.
식탁의 반찬들이 익숙하다면
직접 만들어 확인하고 조율한 레시피로 식탁을 풍성하게 만들어요.

소고기메추리알장조림

아이, 어른 할 것 없이 모두 좋아할 그맛

3~4인분 / 조리시간 30분 / 난이도 ★ ★ ☆

재료	대파 1대, 소고기(양지) 200g, 마늘 10개, 깐 메추리알 300g
양념	청주 2스푼, 설탕 3스푼, 간장 1/2컵, 후춧가루 약간, 참깨 약간
선택 재료	통후추 5알, 월계수잎 2장, 매운 고추 1개

만들기

1 대파는 4cm 길이로 썰고 소고기는 키친타월로 핏기를 제거한다.

2 끓는 물에 고기를 넣고 청주, 마늘 5개, 통후추, 월계수잎을 넣고 8분 정도 끓인 뒤 찬물에 헹군다.

3 소고기를 결 반대 방향으로 먹기 좋게 썬다.

4 냄비에 소고기, 대파, 마늘, 설탕, 간장, 후춧가루를 넣고 고기가 잠길 정도로 물을 부어 센불에 끓인다.

5 끓어오르면 메추리알, 매운 고추를 넣고 중불에 저어가며 간장물이 1/3 정도 될 때까지 졸인다.

6 그릇에 담고 참깨를 뿌려 완성한다.

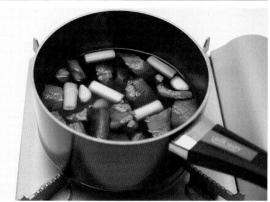

애호박건새우볶음

보들보들 애호박과 아삭하게 씹히는 건새우가 입맛을 당기네요.

재료	애호박 1개, 양파 1/4개, 홍고추 1개,
	건새우 1/2컵(=20g)
양념	소금 1/2스푼, 다진 마늘 1스푼, 새우젓 1/2스푼,
	들기름 1스푼, 들깻가루 1스푼, 참깨 1/2스푼

＊대체 재료 건새우 ▶ 느타리버섯, 팽이버섯, 표고버섯

만들기

1 애호박은 길게 반 갈라 반달 모양으로 썰고, 양파는 채 썰고, 홍고추는 어슷 썬다.

2 애호박에 소금을 뿌려 살짝 절인 뒤, 키친타월로 물기를 제거한다.

3 팬에 기름, 다진 마늘을 넣고 볶아 마늘향이 올라오면 양파를 넣고 살짝 볶는다.

4 양파가 익으면 애호박을 넣고 중불에서 볶다가 소금으로 간을 하고 건새우, 새우젓을 넣고 볶는다.

5 들기름과 들깻가루, 참깨를 넣고 고루 섞어 완성한다.

TIP

애호박을 새우젓으로 간하면 감칠맛이 훨씬 좋다.

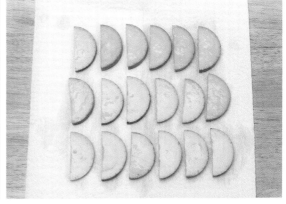

2인분 | 조리시간 10분 | 난이도 ★☆☆

2~3인분 | 조리시간 5분 | 난이도 ★☆☆

어묵볶음(+마라)

기본 중에 기본! 단짠단짠~ 쫄깃한 어묵볶음

재료	사각어묵 4장, 양파 1/3개, 당근 1/6개, 다진 마늘 1/2스푼
양념	간장 2스푼, 후춧가루 약간, 물엿 1/2스푼, 참깨 약간
선택 재료	파프리카 약간, 풋고추 약간

만들기

1 어묵은 한입 크기로 썰고 양파는 채 썰고 당근은 부채꼴 모양으로 썬다.

2 중간 불로 달군 팬에 기름을 둘러 다진 마늘을 넣고 어묵을 1분간 볶는다.

3 양파, 당근, 파프리카, 풋고추를 넣고 1분간 볶다가 물 1컵, 간장, 후춧가루를 넣고 중약 불에 졸인다.

4 물이 자작해지면 물엿을 넣고 고루 섞듯이 볶고 참깨를 뿌려 완성한다.

TIP

마라어묵볶음은 ②의 과정 후 양파, 당근, 파프리카, 풋고추를 넣고 1분간 볶다가 물 1컵, 마라소스를 넣고 고루 섞은 뒤 중약 불에 졸이다가 물엿을 넣어 고루 섞은 뒤 참깨를 뿌려 완성한다.

(양념 : 시판 마라소스 3스푼, 물엿 1스푼, 참깨 약간)

김볶음

누진 김도 다시 보자. 바삭꼬소한 김볶음

재료	김 10~15장
양념	맛간장 2스푼, 설탕 1스푼, 참기름 적당량, 참깨 약간

만들기

1 김은 먹기 좋은 크기로 자른다.

2 중간 불로 달군 팬에 기름을 둘러 김을 넣어 바삭하게 볶는다.

3 맛간장, 설탕, 참기름을 넣어 빠르게 볶은 뒤 참깨를 뿌려 완성한다.

TIP

김을 볶을 때 타지 않게 빠르게 저으며 볶는다.

2인분 | 조리시간 20분 | 난이도 ★★☆

2인분 | 조리시간 20분 | 난이도 ★★☆

파래달걀말이

파래와 달걀이 이렇게 잘 어울릴 수가 없어요.

재료	파래 1줌 (=60g), 색색 파프리카 각각 1/4개, 달걀 5개
밑간	소금, 맛술 1스푼, 후춧가루 약간
*대체재료	파래 ▶ 김, 매생이

만들기

1 파래에 소금을 넣고 주물러 씻어 여러 번 헹군 뒤 물기를 빼고 먹기 좋게 썬다.

2 파프리카는 곱게 다진다.

3 달걀 4개는 흰자와 노른자를 분리하고, 1개는 노른자가 있는 볼에 푼다.

4 흰자와 노른자는 각각 **밑간**하고 흰자에만 파프리카와 파래를 넣어 고루 섞는다.

5 중간 불로 달군 팬에 기름을 둘러 흰자를 붓고 중약 불로 익히면서 돌돌 만다. 거의 다 말아졌을 때 노른자를 부어 연결해 말아 부친다.

6 먹기 좋게 썰어 완성한다.

명란달걀말이

고소하고 담백한 달걀 안에 짭쪼름한 명란의 맛

재료	양파 1/4개, 명란젓 3덩이, 달걀 5개
양념	맛술 1스푼, 후춧가루 약간
선택 재료	파프리카 1/3개, 송송 썬 부추 약간

만들기

1 양파와 파프리카는 곱게 다지고, 명란젓은 알맹이만 긁어낸다.

2 볼에 달걀을 푼 뒤 체에 한 번 거른다.

3 달걀물에 **양념**과 양파, 파프리카, 부추를 넣어 섞는다.

4 중약 불로 달군 팬에 기름을 둘러 달걀물을 붓고 반 이상 익으면 명란젓을 가운데 올리고 가장자리부터 돌돌 말아가며 속까지 익힌다.

5 한입 크기로 썰어 완성한다.

2~3인분 | 조리시간 10분 | 난이도 ★☆☆

진미채간장무침

밑반찬으로 제격인 진미채간장무침

재료	쪽파 1대, 홍진미채 200g
양념	마요네즈 2스푼, 참깨 1스푼
양념장	만능간장 3스푼, 물엿 2스푼, 맛술 1스푼, 생강즙 1스푼, 참기름 2스푼

만들기

1 쪽파는 송송 썰고 진미채는 먹기 좋은 길이로 자른다.

2 진미채에 마요네즈를 버무려 부드럽게 만든다.

3 중간 불로 달군 팬에 **양념장**을 넣고 끓인다.

4 양념장이 끓으면 약불로 줄여 진미채를 넣고 고루 섞은
뒤 쪽파, 참깨를 뿌려 완성한다.

TIP

• 고추기름을 사용하면 풍미가 더 좋다.

• 진미채에 매실청과 맛술을 넣고 밑간하면 냉장고에 두고
먹어도 부드러운 식감이 유지된다.

진미채고추장무침

진미채를 매콤한 고추장양념으로 무쳐보세요.

재료	홍진미채 200g, 매실청 2스푼, 맛술 3스푼, 쪽파 1대, 마요네즈 2스푼, 참깨 약간
양념장	만능고추장 4스푼, 고추기름 3스푼, 참기름 4스푼

만들기

1 진미채를 먹기 좋은 길이로 자르고 매실청, 맛술을 넣고 버무려 20분간 재운다.

2 쪽파를 송송 썰어준다.

3 진미채에 마요네즈를 비무려 부드럽게 만든 뒤, **양념장**을 넣고 무친다.

4 양념이 고루 어우러져 윤기가 돌면 쪽파, 참깨를 뿌려 완성한다.

2~3인분 | 조리시간 20분 | 난이도 ★☆☆   2~3인분 | 조리시간 20분 | 난이도 ★☆☆

취나물볶음

고소하면서 식감까지 맛있는 취나물볶음

재료   건취나물 2줌(=200g), 맛간장 2스푼, 다진 마늘 2스푼,
         다진 파 2스푼, 육수 1컵, 들깻가루 2스푼, 들기름 3스푼,
         참깨 약간, 소금 약간

선택재료   송송 썬 대파

*대체재료   취나물 ▶ 시래기, 아주까리, 고사리

만들기

1 건취나물을 미지근한 물에 담가 부드럽게 불린 뒤 물기를
   꼭 짠다.

2 취나물에 맛간장을 넣고 조물조물 무쳐 간이 배도록 10분
   간 둔다.

3 팬에 기름을 둘러 다진 마늘, 다진 파를 볶아 향이 올라오
   면 취나물을 넣고 볶는다.

4 육수에 들깻가루를 섞어 취나물과 함께 볶은 뒤 들기름과
   참깨를 넣고 섞고, 모자란 간은 소금으로 한다.

고사리볶음

고사리는 이렇게 볶아야 맛있어요.

재료   고사리 2줌(=200g), 맛간장 1½스푼, 참기름 2스푼,
         다진 마늘 1스푼, 다진 대파 1스푼, 소금 약간,
         참깨 약간

만들기

1 고사리는 억센 줄기만 다듬어 끓는 물에 살짝 데친 뒤 찬
   물에 헹궈 체에 밭쳐 물기를 뺀다.

2 손질한 고사리는 먹기 좋은 길이로 썰어 맛간장과 참기름
   을 넣고 무쳐 밑간한다.

3 중간 불로 달군 팬에 기름을 둘러 다진 마늘, 다진 파를
   볶아 향이 올라오면 밑간한 고사리를 넣어 볶는다.

4 부족한 간은 소금으로 맞춘 뒤 참깨를 뿌려 완성한다.

TIP

건 고사리는 미지근한 물에 불렸다가 삶는 것이 좋다.

두부조림

단백질을 더 맛있게 섭취하는 방법

재료	두부 1모(=300g), 양파 1개, 대파 1대
양념장	들기름 3스푼, 참깨 2스푼
양념장	만능조림 양념장 1컵, 멸치육수 1/2컵
선택재료	송송 썬 쪽파
*대체재료	두부 ▶ 무, 애호박

만들기

1 두부를 도톰하게 썰어 키친타월에 올려 물기를 제거하고, 양파는 굵게 채 썰고, 대파는 어슷하게 썬다.

2 중간 불로 달군 팬에 들기름을 둘러 두부를 앞뒤가 노릇해질 정도로 지져낸다.

3 볼에 **양념장**과 채 썬 양파 1/2분량, 대파를 넣어 섞는다.

4 팬에 나머지 양파를 깔고 두부를 펼쳐 올린 뒤 ③의 양념장을 넣고 중불에서 5분 정도 조린다. 양념장을 끼얹어 가며 국물을 자박하게 조린 뒤 쪽파와 참깨를 뿌려 완성한다.

TIP

두부의 수분을 제거하고 팬에 구운 뒤 조리하면 잘 부서지지 않는다.

2~3인분 | 조리시간 20분 | 난이도 ★★☆   2~3인분 | 조리시간 20분 | 난이도 ★★☆

꽈리고추찜

꽈리고추를 이렇게 만들어 먹으면 더 맛있어요.

재료   꽈리고추 2줌(=200g), 찹쌀가루 1/2컵, 양파 1/4개,
       빨강 파프리카 1/4개, 쪽파 2대

양념장 맛간장 2스푼, 매실청 1스푼, 올리고당 2스푼, 고춧가루
       1스푼, 다진 마늘 1스푼, 설탕 1/2스푼, 소금 약간

만들기

1 꽈리고추는 꼭지를 떼고 씻어 물기가 있는 상태에서 찹쌀
   가루를 고루 버무린다.

2 양파, 파프리카는 얇게 채 썰고 쪽파는 2~3cm 길이로
   썬다.

3 열이 오른 찜기에 면보를 깔고 꽈리고추를 펼쳐 3~5분
   정도 찐다.

4 꽈리고추를 넓은 쟁반에 펼쳐 한 김 식힌 뒤 **양념장**과 손
   질한 채소를 넣고 버무려 완성한다.

TIP

• 찹쌀가루를 버무릴 때 꽈리고추에 물기가 약간 있어야 고
  루 묻힐 수 있다.

• 찜기가 없을 땐 꽈리고추를 전자레인지에 3~5분 정도 돌
  려 조리한다.

꽈리고추멸치볶음

감칠맛에 식감까지 완벽한 훌륭한 반찬

재료   꽈리고추 2줌(=200g), 중멸치 2줌(=80g),
       참기름 3스푼, 참깨 약간

양념장 만능고추장 4스푼

*대체재료 꽈리고추 ▶ 마늘종
          멸치 ▶ 건새우 또는 꼴뚜기

만들기

1 꽈리고추는 꼭지를 떼고 씻어 물기를 제거하고, 크기가
   큰 것은 어슷하게 썬다.

2 멸치는 체에 담아 지저분한 가루를 털어낸다.

3 중간 불로 달군 팬에 기름을 둘러 멸치를 넣고 볶다가 꽈
   리고추와 **양념장**을 넣고 볶는다.

4 윤기가 돌면서 양념장이 어우러지면 불을 끄고 참기름,
   참깨를 넣고 고루 섞어 완성한다.

3인분 | 조리시간 15분 | 난이도 ★☆☆

다시마멸치조림

멸치조림에 다시마를 넣어서 만들어보세요.

재료	중멸치 2컵(=100g), 불린 다시마 30×30cm 3장, 다진 마늘 1/2스푼, 참깨 약간
양념장	맛간장 1/3컵, 맛술 3스푼, 물엿 1스푼, 고춧가루 1스푼
선택 재료	채 썬 풋고추

*대체 재료 **멸치** ▶ 보리새우

만들기

1 멸치는 체에 담아 지저분한 가루를 털어내고 약한 불에 볶는다.

2 불린 다시마는 5~6cm 길이로 채 썬다.

3 팬에 기름, 다진 마늘을 넣고 볶아 향이 올라오면 멸치, 다시마를 넣어 볶은 뒤 풋고추, **양념장**을 넣고 조린다. 멸치가 숨 죽으면 참깨를 뿌려 완성한다.

TIP

육수를 우리고, 남은 다시마를 사용해도 좋다.

건새우견과류볶음

영양만점~ 고소해서 아이들 반찬으로 제격!

재료	건새우 2컵, 호박씨 1스푼, 해바라기씨 1스푼, 아몬드슬라이스 1스푼
양념	다진 마늘 1스푼, 참기름 1스푼, 참깨 약간
양념장	맛간장 3스푼, 올리고당 2스푼, 고춧가루 1스푼

*대체 재료　건새우 ▶ 멸치

만들기

1　건새우는 체에 담아 지저분한 가루를 털어낸다.

2　팬에 기름, 다진 마늘을 넣고 볶아 마늘향이 올라오면 **양념장**을 넣고, 거품이 생기면 건새우와 견과류를 넣고 뒤적이며 볶는다.

3　양념이 어우러지면 참기름과 참깨를 넣고 완성한다.

마늘종건새우볶음

마늘종이 새우와 잘 어울리는 것 아시죠.

재료	마늘종 8대, 건새우 1컵, 참기름 1스푼, 참깨 약간
양념장	맛간장 2스푼, 올리고당 2스푼, 고춧가루 1스푼, 다진 마늘 1/2스푼, 소금 약간

*대체 재료　건새우 ▶ 멸치, 꼴뚜기
　　　　　　　마늘종 ▶ 우엉, 꽈리고추

만들기

1　마늘종은 3cm 길이로 썰어 끓는 물에 소금을 넣고 30초간 데친 뒤 찬물에 식혀 체에 밭친다.

2　건새우는 체에 담아 지저분한 가루를 털어낸다.

3　중간 불로 달군 팬에 기름을 둘러 마늘종을 30초간 볶은 뒤 **양념장**과 새우를 넣고 뒤적이며 볶는다.

4　양념이 어우러지면 참기름과 참깨를 뿌려 완성한다.

TIP

마늘종은 너무 오래 데치면 아삭한 식감이 없어지기 때문에 30초 이상 데치지 않는다.

2~3인분 / 조리시간 20분(달걀 삶는 시간 제외) / 난이도 ★☆☆

달걀장조림

달걀만 들어갔는데도 맛있다. 밥 한 공기 뚝딱!

재료	달걀 10개, 다시팩 1개, 마늘 10개, 베트남고추 3개
	(다시팩은 251페이지 참고)
양념	맛간장 8–10스푼, 올리고당 2스푼

*대체 재료 베트남고추 ▶ 매운 고추, 건고추, 풋고추

만들기

1 달걀은 실온에 꺼내 두었다가 끓는 물에 11분간 삶아 찬
　물에 담가 껍질을 벗긴다.

2 냄비에 물 4–5컵, 다시팩을 넣고 물이 끓으면 10분 뒤 다
　시팩을 건져낸다.

3 달걀, 마늘, 베트남고추, **양념**을 넣고 물이 1/3 정도 될
　때까지 졸여 완성한다.

2인분 / 조리시간 15분 / 난이도 ★☆☆

2인분 / 조리시간 15~20분(나물 삶는 시간 30분) / 난이도 ★☆☆

무나물

부드럽게 씹히는 달큰한 무나물 만들기

| 재료 | 무 1/2개(=350g), 부추 2대, |
| 양념 | 다진 마늘 1스푼, 소금 1/2스푼, 들기름 2스푼, 참깨 약간 |

만들기

1 무는 깨끗이 씻은 뒤 채 썰고, 부추는 송송 썬다.

2 팬에 기름, 다진 마늘을 넣고 볶아 마늘향이 올라오면 무를 넣고 소금을 뿌려 뒤적인 뒤 뚜껑을 덮고 2~3분간 익힌다.

3 약 불로 줄여 들기름을 넣고 타지 않게 섞은 뒤 부추와 참깨를 뿌려 완성한다.

TIP

• 무를 너무 익히면 아삭한 식감이 떨어지니 너무 오래 볶지 않는다.

• 여름 무를 조리할 땐 설탕을 추가하면 쓴맛을 잡을 수 있다.

*재료 고르는 법

무는 잔털 없이 매끈하고 녹색 부분이 많을수록 좋다.

무청시래기청국장무침

구수한 고향의 맛을 느끼고 싶다면

재료	무청 시래기 3줌(=300g), 대파 1/2대, 들깻가루 1스푼
양념장	만능청국장 3스푼, 들기름 3스푼, 참깨 1스푼
*대체재료	무청시래기 ▶ 냉이, 건유채, 아주까리

만들기

1 무청 시래기는 미지근한 물에 담가 5시간 이상 불린 뒤 30분간 푹 삶아 3~4번 헹군다.

2 시래기를 먹기 좋은 크기로 썰고 대파는 어슷 썬다.

3 볼에 시래기와 들깻가루를 버무려 10분간 둔다.

4 시래기와 대파, **양념장**을 넣고 조물조물 무쳐 완성한다.
⋯ 부족한 간은 소금으로 한다.

TIP

• 무청시래기는 볶지 않기 때문에 푹 삶는다.

• 무청시래기무침에 육수를 넣고 끓이면 무청시래기국을 만들 수 있다.

2인분 / 조리시간 15분 / 난이도 ★☆☆   1~2인분 / 조리시간 5분 / 난이도 ★☆☆

건유채나물볶음

밥반찬으로 이만한 게 없다죠.

재료	건유채나물 2줌
양념	다진 마늘 1스푼, 다진 대파 1스푼, 맛간장 1½스푼, 국간장 1/2스푼, 들기름 1스푼

만들기

1 건유채나물은 미지근한 물에 불린 뒤 부드러워지면 물기를 꼭 짠다.

2 팬에 기름을 둘러 다진 마늘, 다진 파를 볶아 향이 올라오면 유채나물과 맛간장, 국간장, 들기름을 넣고 볶아 완성한다.

TIP

건유채나물은 삶으면 물러지기 때문에 미지근한 물에 불려서 사용하는 것이 좋다.

부추나물

아삭하게 씹히는 식감과 고소한 향

재료	부추 1/3단, 소금 1/2스푼
양념	다진 마늘 1/3스푼, 멸치액젓 1/2스푼, 참기름 약간, 소금 약간, 참깨 약간

만들기

1 끓는 물에 소금을 넣어 부추를 30초간 데친다.

2 찬물에 씻어 물기를 꼭 짜 먹기 좋게 썬다.

3 **양념**을 넣고 고루 버무려 완성한다.

미역줄기볶음

비타민, 무기질을 맛있게 먹는 방법

재료   염장미역줄기 150g, 양파 1/4개, 홍고추 1/2개,
          풋고추 1/2개

양념   다진 마늘 1/2스푼, 참기름 2스푼, 참깨 약간

만들기

1 미역줄기는 물에 바락바락 주물러 씻고 물에 담가 짠맛을
  뺀다.

2 찬물에 여러 번 헹군 뒤 먹기 좋은 길이로 썬다.

3 양파와 고추를 얇게 채 썬다.

4 팬에 기름, 다진 마늘을 넣고 볶아 마늘향이 올라오면 미
  역줄기를 볶다가 숨이 죽으면 양파, 고추를 넣고 한 번
  더 볶은 뒤 참기름과 참깨를 뿌려 완성한다.

TIP

염장미역줄기는 오래 불리면 싱거워져서 간을 다시 해야 되
니 불리면서 먹어보고 불리는 시간을 조절한다.

2인분 | 조리시간 15분 | 난이도 ★☆☆

반건조가지나물볶음

쫄깃쫄깃한 가지가 입맛을 사로잡네요.

재료	가지 5개, 양파 1/4개, 홍고추 1개, 쪽파 2대, 육수 1/4컵, 전분 1스푼
양념	다진 마늘 2스푼, 들깻가루 1스푼, 들기름 2스푼, 참깨 약간
양념장	맛간장 3스푼, 조선간장 1/2스푼, 굴소스 1/2스푼

만들기

1 가지를 깨끗이 씻어 양끝을 조금씩 자른 뒤, 반 갈라 4~5cm 길이로 도톰하게 채 썰어 반건조시킨다. 반건조 가지를 씻은 뒤 체에 밭쳐 물기를 제거한다.

2 양파와 고추는 채 썰고, 쪽파는 3~4cm 길이로 썬다.

3 반건조시킨 가지에 **양념장**을 넣고 조물조물 무쳐 10분간 둔다.

4 팬에 기름, 다진 마늘을 넣고 볶아 마늘향이 올라오면 양파, 가지, 고추, 쪽파를 순서대로 넣고 볶는다.

5 육수에 전분과 들깻가루를 섞어 가지와 함께 볶은 뒤 들기름과 참깨를 넣고 완성한다.

TIP

가지를 볶을 때 고추기름을 추가하면 매콤하게 먹을 수 있다.

호박고지나물볶음

꼬들꼬들 고소한 맛

3~4인분 / 조리시간 10분(호박고지 불리는 시간 30분) / 난이도 ★★☆

재료   호박고지 2줌(=150g), 홍고추 1개, 대파 1/2대, 다진 마늘 1스푼, 다진 파 1스푼
양념장   맛간장 2스푼, 들기름 1스푼, 소금 약간

만들기

1 호박고지는 미지근한 물에 불린 뒤 부드러워지면 꼭 짠다.

2 고추는 채 썰고 대파는 얇게 어슷 썬다.

3 중간 불도 달군 팬에 기름을 둘러 다진 마늘, 다진 파를 볶아 향이 올라오면 **양 념장**과 호박고지, 홍고추, 대파를 넣고 볶아 완성한다.

TIP

호박고지는 미지근한 물에 불려야 부드럽게 먹을 수 있다.

2인분 | 조리시간 15분 | 난이도 ★☆☆　　　1~2인분 | 조리시간 10분 | 난이도 ★☆☆

느타리버섯볶음

버섯의 감칠맛과 식감을 살려서 반찬으로
만들었어요.

재료	느타리버섯 2줌, 쪽파 2대, 양파 1/4개,
	홍고추 1/2개, 다진 마늘 2스푼, 참깨 약간
양념	소금 1/2스푼, 참기름 1스푼, 후춧가루 약간

*대체재료　느타리버섯 ▶ 표고버섯

만들기

1 느타리버섯은 가닥가닥 찢어 찜기에 김이 오르면 3분 정
　도 찌고 꼭 짜 그릇에 식힌다.

2 쪽파는 3~4cm 길이로 썰고, 양파와 고추는 얇게 채 썬다.

3 느타리에 **양념**을 넣고 조물조물 무친다.

4 팬에 기름, 다진 마늘을 넣고 볶아 마늘향이 올라오면 양
　파를 넣고 살짝 볶은 뒤 느타리를 볶는다.

5 쪽파, 고추를 넣고 버무린 뒤 참깨를 뿌려 완성한다.

TIP

느타리버섯은 찐 후에 물에 헹구지 않아야 맛과 영양소의 손
실이 적다.

미니새송이버섯볶음

풍미가 좋은 반찬이라 계속 손이 가네요.

재료	대파 1대, 미니새송이버섯 2줌, 중새우 1~2마리
양념	버터 1스푼, 소금 약간, 굴소스 1스푼, 설탕 1/3스푼,
	참깨 약간

만들기

1 대파는 송송 썰고 버섯은 먹기 좋게 썰고, 새우는 굵게 다
　진다.

2 중간 불로 달군 팬에 기름을 둘러 대파를 넣어 향이 올라
　오면 새우를 넣고 볶는다.

3 버터를 넣고 녹으면 버섯을 넣어 소금을 뿌려가며 볶는
　다.

4 버섯의 숨이 죽으면 굴소스, 설탕을 넣고 물을 조금씩 부
　어가면서 볶은 뒤 참깨를 뿌려 완성한다.

3인분 | 조리시간 1시간(콩 불리는 시간 5시간)
난이도 ★★☆

말랑콩자반

딱딱한 콩자반은 가라~ 말랑말랑 고소한 맛!

재료	검은콩 2컵(=260g), 참깨 1스푼
다시팩	생강 1/2톨, 마늘 4개, 건 표고버섯 2장
양념	간장 1/2컵, 올리고당 1½컵

*대체재료 검은콩 ▶ 메주콩, 작두콩

만들기

1 검은콩은 깨끗하게 씻어 좋지 않은 것을 골라내고, 찬물에 5시간 이상 불린다.

2 냄비에 물을 넉넉히 붓고 검은콩, **다시팩**을 넣어 약 불에서 20~25분간 끓인 뒤 다시팩은 건져 낸다.

3 콩 삶은 물이 반 정도 줄어들면 간장을 넣고 끓이다가 간장물이 ⅓로 줄어들면 올리고당을 넣고 20분간 뭉근하게 졸인다.

4 센불로 올려 5분간 졸여 국물이 자작해지고 윤기가 나면 참깨를 뿌려 완성한다.

TIP

• 콩을 삶아서 조리하면 말랑한 콩장을 만들 수 있다.

• 호두, 아몬드 등 견과류를 추가해도 좋다.

3인분 | 조리시간 30분 | 난이도 ★☆☆

땅콩조림

이 고소함에 빠지면 자주 만들어 드실 거예요.

재료	생땅콩 100g, 참기름 2스푼, 참깨 1스푼
조림양념	물 1컵, 간장 1/4컵, 설탕 2스푼, 올리고당 3스푼, 맛술 2스푼

*대체재료 땅콩 ▶ 호두

만들기

1 땅콩을 냄비에 넣고 물을 넉넉히 부어 살강거리게 삶는다.

2 냄비에 **조림양념**과 땅콩을 넣고 뒤적이면서 국물이 자작해지고 윤기가 날 때까지 뭉근하게 조린다.

3 윤기가 나면 불을 끄고 참기름과 참깨를 뿌려 완성한다.

TIP

생땅콩을 삶으면 땅콩 특유의 비린맛을 제거할 수 있다.

2~3인분 / 조리시간 10분 / 난이도 ★☆☆

숙주나물무침

녹두의 영양과 채소의 비타민이 가득해요.

재료	풋고추 1개, 숙주 3~4줌
양념	국간장 1스푼, 맛소금 약간, 참기름 2스푼, 깨소금 약간

만들기

1 풋고추는 다지고, 숙주는 손질해 끓는 물에 숙주를 넣고 2분 정도 데친 뒤 체에 밭쳐 물기를 뺀다.

2 볼에 숙주, 다진 고추, 국간장, 맛소금, 참기름을 넣고 살짝 버무린 뒤 깨소금을 뿌려 완성한다.

매콤콩나물무침

숙취해소에 좋은 콩나물을 매콤하고 아삭하게!

재료	콩나물 200g, 대파 1/2대
양념	고춧가루 1½스푼, 다진 마늘 1/2스푼, 참기름 1스푼, 소금 약간, 깨소금 약간

만들기

1 콩나물은 손질한 뒤 냄비에 넣고 물을 부어 약 10분 정도 끓인다(이때 냄비 뚜껑을 처음부터 열고 끓이거나, 처음부터 덮고 끓인다).

2 대파는 송송 썬다.

3 삶은 콩나물은 찬물에 헹군 뒤 체에 밭쳐 물기를 뺀다.

4 볼에 콩나물, 대파, **양념**을 넣고 고루 버무려 완성한다.

TIP

콩나물을 끓일 때 중간에 냄비뚜껑을 열거나 덮으면 비린내가 난다.

2

볶음·조림

팬 위에 펼쳐진 재료들을 유려한 솜씨로 춤을 추게 해요.

빠른 템포의 조리로 볶음을,

느린 템포로 서서히 스며들게 조림을 만들어요.

한국인이 사랑하는 요리들을 볶음·조림 챕터에서 만나보세요.

3~4인분 | 조리시간 35분 | 난이도 ★★☆

알감자베이컨조림

쫀득한 식감의 멈출 수 없는 단짠단짠 반찬

재료	알감자 15개, 소금 1/2스푼, 양송이 5개, 홍고추 2개, 풋고추 2개, 베이컨 6장
양념장	만능요리간장 1/2컵, 물 1/2컵, 맛술 4스푼, 다진 마늘 1스푼, 고춧가루 1/2스푼, 후춧가루 약간

만들기

1 냄비에 물을 넉넉히 붓고 알감자와 소금을 넣고 10분간 삶는다.

2 양송이는 4등분하고, 고추는 송송 썬다.

3 베이컨은 3cm 길이로 썰어 달군 팬에 바삭하게 구워 꺼낸다.

4 베이컨 구운 팬에 기름을 둘러 알감자를 노릇하게 굽는다.

5 양송이, 고추, 베이컨과 **양념장**을 넣고 중불에서 골고루 섞으면서 익히고, 양념장이 자작해지면 약한 불에 졸여 완성한다.

TIP

• 베이컨 구운 팬에 알감자를 구우면 풍미가 더 좋아진다.

• 알감자는 껍질째 조리하기 때문에 너무 크지 않은 것으로 고르거나 크기에 따라 2~3등분해 사용한다.

김치참치볶음

참치 통조림과 김치만 준비해주세요.

재료	대파 1대, 양파 1/3개, 신김치 2컵, 들기름 1스푼, 통조림 참치(중) 1캔
양념	설탕 1/4스푼, 고춧가루 1스푼, 물엿 1스푼, 후춧가루 약간, 참깨 약간

만들기

1 대파는 어슷 썰고 양파는 채 썰고 김치는 한입 크기로 썬다.

2 중간 불로 달군 팬에 들기름을 둘러 대파 1/2분량, 양파, 김치를 넣고 3분간 볶는다.

3 설탕, 고춧가루, 물엿을 넣고 2분간 더 볶는다.
⋯⋯ 이때 물을 조금씩 부어가며 볶는다.

4 참치를 넣고 1분간 더 볶은 뒤 나머지 대파, 후춧가루를 넣고 살짝 볶는다. ⋯⋯ 이때 참치국물까지 다 넣는다.

5 그릇에 담고 참깨를 뿌려 완성한다.

감자채스팸양파볶음

감자의 다양한 변신~ 계속 손이 가는 반찬

재료   감자 1개, 양파 1/3개, 홍고추 1개, 스팸 1/4캔
양념   소금 약간, 후춧가루 약간, 참깨 약간
선택 재료 파슬리가루 약간

만들기

1 감자는 채 썰어 찬물에 10분간 담갔다가 체에 밭친다.

2 양파, 고추, 스팸은 채 썬다.

3 중간 불로 달군 팬에 기름을 둘러 소금, 후춧가루를 뿌리며 감자를 볶는다.

4 양파, 햄을 넣고 감자가 거의 익으면 고추를 넣고 30초간 볶은 뒤 참깨, 파슬리가루를 뿌려 완성한다.

마라감자볶음

마라탕의 맛있는 얼얼함을 반찬으로도 느껴보세요.

재료   감자 3개, 양파 1/4개
양념   마라소스 5스푼, 물엿 1스푼, 후춧가루 약간, 검은깨 약간

만들기

1 감자는 채 썰어 찬물에 10분간 담갔다가 체에 밭친다.

2 양파는 채 썬다.

3 팬에 기름을 두르고 감자와 양파를 넣어 볶는다.

4 양파가 반투명해지면 마라소스 5스푼, 물엿을 넣는다.

5 고루 섞어가며 볶고 후춧가루를 약간 뿌린다.

6 감자가 완전히 익으면 그릇에 담고 참깨를 뿌려 완성한다.

3인분 | 조리시간 15분 | 난이도 ★☆☆

마약달걀

그냥 먹어도 맛있고 밥이랑 먹으면 더 맛있어요.

재료   달걀 8-10개, 양파 1개, 매운 고추 1-2개
양념장   간장 1½컵, 설탕 2/3컵, 올리고당 1컵, 후춧가루 약간
선택 재료 송송 썬 홍고추

만들기

1 달걀은 끓는 물에 7-8분간 삶은 뒤 찬물에 담가 껍질을
   벗긴다. ⋯→ 한개만 남겨두고 다 벗기기

2 양파는 굵게 다지고, 고추는 얇게 송송 썬다.

3 반찬통에 달걀, 양파, 고추, **양념장**을 부은 뒤 냉장보관
   해 반나절 뒤에 먹는다.

고추장감자조림

고추장에 조렸을 뿐인데 밥도둑이 따로 없네요.

재료	감자 3개, 양파 1개, 풋고추 2개, 참깨 약간
양념장	설탕 1스푼, 고추장 1½스푼, 간장 2스푼, 후춧가루 약간

만들기

1 감자, 양파는 한입 크기로 썰고, 고추는 어슷 썬다.

2 중간 불로 달군 팬에 기름을 둘러 감자를 2분간 볶다가
  양파를 넣어 볶는다.

3 **양념장**, 물 2컵을 넣고 고루 섞어 중약 불에 졸인다.

4 국물이 반 정도 졸면 고추를 넣고 1분간 더 조린 뒤 그릇
  에 담아 참깨를 뿌려 완성한다.

2인분 | 조리시간 15분 | 난이도 ★☆☆

표고버섯조림

표고버섯의 감칠맛을 극대화한 반찬

재료	표고버섯 8–10개, 마늘 5개, 참기름 2스푼
양념장	만능요리간장 1스푼, 육수 1스푼, 후춧가루 약간
선택 재료	어슷 썬 풋고추

*대체재료 **표고버섯** ▶ 단호박, 고구마

만들기

1 표고는 기둥을 떼고 키친타월로 살살 털어준다.

2 150℃로 예열한 기름에 손질한 표고와 마늘을 넣어 겉면
   만 튀긴 뒤 빠르게 건져낸다.

3 냄비에 **양념장**과 표고버섯, 마늘, 고추를 넣고 강불로 끓
   여 김이 오르면 약불로 줄여 조린다.

4 표고버섯에 윤기가 돌면 참기름을 둘러 완성한다.

TIP

• 표고버섯을 튀긴 뒤 조리면 쫄깃한 식감이 오래간다.

• 무를 추가해도 좋다.

2~3인분 | 조리시간 15분(오이 절이는 시간 30분, 닭가슴살 삶는 시간 15분) | 난이도 중 ★★☆

오이닭가슴살볶음

오이랑 닭가슴살이 이렇게 잘 어울려요.

재료	오이 2개, 홍고추 1개, 대파 1/2대, 마늘 3개, 닭가슴살 1개
양념	소금 1스푼, 설탕 2스푼, 통후추 5알, 월계수잎 2장, 다진 마늘 1스푼, 참기름 2스푼, 참깨 약간

*대체재료 닭가슴살 ▶ 맛살, 새우살

만들기

1 오이를 깨끗이 씻은 후 양끝을 자르고 모양을 살려 얇게 썰고, 고추는 얇게 채 썬다.

2 소금, 설탕을 뿌려 30분간 절인 후 흐르는 물에 헹궈 면보로 꼭 짠다.

3 냄비에 물 3~4컵, 대파, 마늘, 통후추, 월계수잎을 넣고 팔팔 끓으면 닭가슴살을 넣고 삶은 뒤 식혀서 결대로 찢는다.

4 팬에 기름, 다진 마늘을 넣고 볶아 마늘향이 올라오면 오이를 충분히 볶은 뒤 닭가슴살, 고추, 참기름, 참깨를 넣고 가볍게 버무려 완성한다.

TIP

오이를 볶을 때 초록색이 선명하게 나도록 충분히 볶아야 시간이 지나도 오이색이 변하지 않는다.

2인분 | 조리시간 15분 | 난이도 ★☆☆

토마토달걀볶음

믿고 먹을 수 있는 반찬계의 스테디셀러 토달볶

재료   토마토 1개, 달걀 3개, 우유 4스푼, 설탕 1/4스푼,
소금 약간

선택 재료   올리브유 약간, 파슬리가루 약간

만들기

1 토마토는 한입 크기로 썬다.

2 볼에 달걀을 넣고 우유, 설탕, 소금을 넣어 고루 푼다.

3 중약 불로 달군 팬에 올리브유를 둘러 토마토를 넣고 볶
다가 소금을 살짝 뿌린다.

4 중약 불로 달군 팬에 올리브유를 둘러 달걀물을 넣어 젓
가락으로 저어가며 스크램블 에그를 만든다.

5 토마토와 고루 섞어 파슬리가루를 뿌려 완성한다.

TIP

취향에 따라 파르메산 치즈가루를 뿌려도 좋다.

1~2인분 | 조리시간 10분 | 난이도 ★☆☆   3~4인분 | 조리시간 20분 | 난이도 ★☆☆

토마토가지볶음

토마토와 가지가 만났다! 건강하게 맛있는 반찬

재료	가지 1개, 방울토마토 10–15개(or 토마토 1–2개)
양념	굴소스 1스푼, 고춧가루 1/3스푼, 소금 약간, 참깨 약간

만들기

1 가지는 반갈라 어슷하게 썰고 방울토마토는 반으로 썬다.

2 중간 불로 달군 팬에 기름을 넉넉히 둘러 가지를 넣고 2분간 볶는다.

3 방울토마토를 넣고 굴소스, 고춧가루를 넣어 고루 섞으며 볶는다.

4 소금으로 간한 뒤 그릇에 담고 참깨를 뿌려 완성한다.

매콤알감자조림

매콤하게 조린 감자의 매력

재료	알감자 13–15개, 소금 1/2 스푼, 다시마 2장 (=3×3cm), 물엿 2/3컵, 고춧가루 1–2스푼, 참깨 약간
양념장	물 1½컵, 맛간장 2/3컵, 올리고당 4스푼, 맛술 2스푼

*대체재료   알감자 ▶ 메추리알

만들기

1 알감자는 껍질째 깨끗이 씻고 냄비에 물을 넉넉히 부어 알감자와 소금을 넣고 반 정도 익을 때까지 삶는다.

2 냄비에 **양념장**과 삶은 알감자, 다시마를 넣고 강불에 끓기 시작하면 중불로 줄인 뒤 물엿을 넣고 뒤적인다.

3 국물이 자작해지면 고춧가루를 넣고 섞은 뒤 윤기가 나면 불을 끄고 참깨를 뿌려 완성한다.

TIP

껍질째 조리하기 때문에 너무 크지 않은 것으로 고르거나 큰 것은 2~3등분해 사용한다.

소시지채소볶음

반찬, 간식, 술안주 다 가능해요.

재료 | 비엔나소시지 15개, 양파 1/3개, 색색 파프리카 각각 1/3개씩, 다진 마늘 1/2스푼, 참깨 약간

소스 재료 | 케첩 2스푼, 고추장 1/2스푼, 고춧가루 1/4스푼, 다진 마늘 1/2스푼, 간장 1/2스푼, 물엿 1스푼, 후춧가루 약간

선택 재료 | 매운 고추 1개

만들기

1 소시지는 칼집을 넣고 양파, 파프리카는 한입 크기로 썰고, 매운 고추는 어슷썬다.

2 **소스 재료**를 볼에 넣고 섞는다.

3 중간 불로 달군 팬에 기름을 둘러 다진 마늘을 넣어 볶고 향이 올라오면 양파, 파프리카를 넣어 볶는다.

4 양파가 투명해지면 소시지를 넣고 센불에 살짝 볶는다.

5 소시지 칼집이 벌어지면 소스와 고추를 넣고 중약 불에 골고루 섞어가며 1분 정도 볶은 뒤 참깨를 뿌려 완성한다.

소시지감자카레조림

카레를 이렇게도 만들 수 있어요.

재료 | 감자 1–2개, 양파 1/2개, 마늘 5개, 비엔나소시지 10–15개, 참깨 약간

양념장 | 카레가루 1스푼, 맛간장 1스푼, 맛술 1스푼, 설탕 1스푼, 올리고당 1스푼

*대체재료 소시지 ▶ 통조림햄

만들기

1 감자와 양파는 한입 크기로 썰고, 마늘은 도톰하게 편 썬다. 소시지는 칼집을 낸다.

2 냄비에 물을 넉넉히 부어 손질한 감자를 절반 정도 익도록 삶는다.

3 팬에 기름을 두르고 양파와 편마늘, 소시지를 넣고 살짝만 볶아 준다.

4 ③에 **양념장**과 감자를 넣고(뒤적이지 않고) 조리고, 참깨를 뿌려 완성한다.

TIP

감자를 볶을 때 뒤적이지 않고 조려야 부서지지 않는다.

2인분 | 조리시간 15분(고기 재우는 시간 10분) | 난이도 중 ★★☆

돼지고기양배추볶음

식감 좋은 돼지고기요리

재료	양배추 5장, 양파 1/3개, 마늘 5개, 목살 2덩이
양념	맛술 1스푼, 소금 2꼬집, 후춧가루 약간, 참기름 1/2스푼, 참깨 약간
소스	간장 2스푼, 굴소스 1스푼, 물엿 2스푼, 맛술 1스푼, 후춧가루 약간
선택 재료	매운 고추 1개

만들기

1 소스는 볼에 넣어 고루 섞는다.

2 양배추는 한입 크기로 썰고 양파는 채 썰고 마늘은 편 썰고 고추는 어슷 썬다.

3 고기는 한입 크기로 썰어 볼에 넣고 맛술 1스푼, 소금 2꼬집, 후춧가루를 뿌려 10분간 재운다.

4 중간 불로 달군 팬에 기름을 둘러 마늘과 베트남고추를 넣고 볶는다.

5 향이 올라오면 돼지고기를 넣고 3분간 볶다가 양배추와 양파, 고추를 넣고 볶는다.

6 양배추의 숨이 죽으면 소스를 넣고 센불에서 볶아 익힌 뒤 불을 끄고 참기름을 넣어 고루 섞은 뒤 참깨를 뿌려 완성한다.

돼지고기두루치기

두루두루 맛있게 먹을 수 있어요.

재료　돼지고기 삼겹살 200g, 돼지고기 앞다리살100g,
김치 1/4포기, 양파 1/2개, 대파 1/2대, 매운 고추 1개,
홍고추 1개, 양배추 80g, 다진 마늘 1스푼,
다진 파 1스푼

양념장　만능고추장 1스푼, 육수 1/4컵, 고춧가루 1½스푼,
간장 1스푼, 청양고춧가루 1/2스푼, 고추기름 1스푼,
설탕 2스푼, 후춧가루 약간

만들기

1 돼지고기와 김치는 먹기 좋은 크기로 썬다.

2 양파는 채 썰고 대파와 고추는 어슷 썰고, 양배추는 한입
크기로 썬다.

3 팬에 기름, 다진 마늘, 다진 파를 넣고 볶아 향이 올라오
면 돼지고기를 센불에 볶는다.

4 김치와 **양념장**을 넣고 고루 섞으며 볶은 뒤 손질한 채소
를 넣고 볶아 완성한다.

TIP

냉동 고기를 사용할 때 생강즙을 추가하면 잡냄새를 없애
준다.

3~4인분 | 조리시간 15~20분 | 난이도 ★★☆

돼지고기숙주볶음

쫄깃하고 아삭한데 감칠맛까지 더한 반찬

재료　　양파 1개, 마늘 5~8알, 삼겹살 2~3컵, 숙주 4줌
양념　　맛술 2스푼, 굴소스 1~2스푼, 설탕(or 물엿) 약간,
　　　　후춧가루 약간, 참깨 약간
선택 재료　어슷 썬 홍고추, 풋고추 약간

만들기

1 양파는 채 썰고 마늘은·편 썬다.

2 중간 불로 달군 팬에 기름을 둘러 마늘, 양파를 볶는다.

3 양파가 반투명해지면 고기와 **양념**을 넣고 볶는다.

4 고기가 익으면 숙주, 고추를 넣고 볶다가 숨이 살짝 죽으
면 그릇에 담고 참깨를 뿌려 완성한다.

TIP

부족한 간은 소금, 간장으로 한다.

제육볶음

한국인이라면 꼭 먹게 되는 국민반찬

재료 돼지고기 400g, 양파 1/2개, 대파 1/2대, 풋고추 1개, 참기름 2스푼, 참깨 약간
양념장 만능고추장 4스푼, 설탕 1/2스푼, 맛술 1스푼

만들기

1 돼지고기는 한입 크기로 썰어 키친타월로 핏물을 제거한다.

2 양파는 굵게 채 썰고, 대파와 고추는 어슷하게 썬다.

3 볼에 고기, **양념장**을 넣고 주물러 간이 배도록 재워둔다.

4 달군 팬에 양념한 돼지고기와 양파를 넣고 센불에서 볶는다.

5 고기가 익으면 나머지 채소를 넣고 살짝 볶은 뒤 불을 끄고 참기름과 참깨를 뿌려 완성한다.

TIP

• 제육볶음에 사용하는 부위는 목살겹살이 지방이 적어서 좋다.

• 고기를 볶을 때 기름 대신 소주로 볶으면 담백하게 먹을 수 있다.

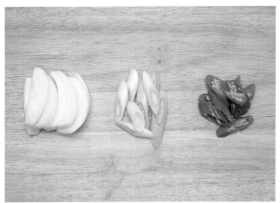

2~3인분 | 조리시간 10분 | 난이도 ★★☆　　　3인분 | 조리시간 25분 | 난이도 ★★☆

마늘종소고기볶음

소고기와 마늘종의 환상궁합

재료	마늘종 300g, 다진 소고기 150g
양념	맛술 1스푼, 후춧가루 약간, 간장 3스푼, 다시마물 1/3컵, 물엿 2스푼, 참기름 약간, 참깨 약간

만들기

1 마늘종은 4~5cm 길이로 썬다.

2 중간 불로 달군 팬에 고기를 넣고 맛술, 후춧가루를 넣고 볶는다.

3 간장, 다시마물을 넣고 끓으면 물엿을 넣는다.

4 마늘종이 익으면 불을 끄고 참기름, 참깨를 뿌려 완성한다.

오리주물럭

매콤달콤 오리 보양식

재료	오리고기 350~400g, 양파 1/2개, 부추 1/2줌, 대파 1/2대
양념	된장 1스푼, 설탕 1스푼
양념장	만능고추장 4~5스푼, 청양고춧가루 1스푼
선택 재료	어슷 썬 매운 고추 2개

*대체재료　배효소 ▶ 배음료

만들기

1 오리고기에 된장과 설탕을 넣고 주물러 잡내를 제거한다.

2 양파는 채 썰고 부추는 3~4cm 길이로 썬다. 대파는 어슷 썬다.

3 오리고기에 **양념장**과 손질한 채소를 넣고 무쳐 간이 배도록 10분간 둔다.

4 중약 불로 달군 팬에 오리고기를 볶아 완성한다.

TIP

오리고기를 된장으로 밑간하면 잡냄새를 잡아준다.

오리불고기

소불고기는 가라~ 이제는 오리불고기가 대세

재료	오리고기 350–400g, 된장 1스푼, 설탕 1스푼, 양파 1/2개, 부추 1/2줌, 대파 1/2대, 표고버섯 3장
양념장	맛간장 1/3컵, 배효소 1스푼, 다진 마늘 2스푼, 들기름 2스푼, 후춧가루 약간

*대체재료 배효소 ▶ 배음료

만들기

1 오리고기에 된장과 설탕을 넣고 주물러 잡내를 제거한다.

2 양파는 채 썰고 부추는 3–4cm로 썬다. 대파는 어슷 썰고,
　표고버섯은 기둥을 떼고 도톰하게 썬다.

3 오리고기에 **양념장**과 손질한 채소를 넣고 무쳐 간이 배도
　록 10분간 둔다.

4 중간 불로 달군 팬에 오리고기를 볶아 완성한다.

단호박훈제오리볶음

달달한 단호박과 볶은 오리의 향연

재료   단호박 1/2개(=280g), 훈제 오리 200g, 양파 1/2개, 매운 고추 1개, 홍고추 1개, 다진 마늘 1스푼

양념장   만능요리간장 1/3컵, 후춧가루 약간

*대체재료   단호박 ▶ 고구마, 감자

만들기

1 단호박은 껍질째 깨끗이 씻어 반 가른 뒤 씨를 제거하고 한입 크기로 썬다.

2 단호박은 120℃에서 튀긴다. 꼬치로 찔러보고 익었으면 센불로 한 번 더 바삭하게 튀긴다.

3 오리는 먹기 좋은 크기로 썬다. 양파는 채 썰고, 고추는 어슷하게 썬다.

4 팬에 기름, 다진 마늘을 넣고 볶아 마늘향이 올라오면 양파, 단호박, 오리, 고추 순으로 볶은 뒤 양념장을 넣고 고루 섞어 완성한다.

TIP

단호박은 처음부터 센불에서 튀기면 겉은 타고 속은 익지 않기 때문에 낮은 온도에서 튀긴다.

*재료 고르는 법 : 단호박은 묵직하고 껍질의 색이 진하고 균일한 것이 좋다.

MENU

1~2인분 | 조리시간 25분 | 난이도 ★★☆

주꾸미볶음

탱글하게 씹히는 식감과 매콤하고 중독성 있는 맛

| 재료 | 주꾸미 6~10마리(=약 200g), 밀가루 3스푼, 소금 2스푼, 양파 1/2개, 양배추 2~3장, 매운 고추 1개, 청주 1/3컵, 참기름 2스푼, 참깨 약간 |
| 양념장 | 만능고추장 3스푼, 설탕 1/2스푼, 고추기름 1스푼 |

*대체재료 주꾸미 ▶ 삼겹살, 낙지(낙지를 사용할 땐 청양고춧가루 1스푼을 추가한다.)

만들기

1 주꾸미는 내장을 제거하고 밀가루, 소금을 넣고 박박 주물러 깨끗이 헹군다.

2 양파는 굵게 채 썰고, 양배추는 한입 크기로 썰고, 고추는 어슷하게 썬다.

3 중간 불로 달군 팬에 기름을 둘러 주꾸미를 넣고 청주를 부어 센불에 익힌다.

4 주꾸미가 반쯤 익으면 양념장을 넣고 볶는다.

5 마지막에 채소를 넣고 살짝만 볶은 후 불을 끄고 참기름과 참깨를 뿌려 완성한다.

TIP

• 주꾸미를 보관할 때는 끓는 물에 살짝 데쳐 찬물에 헹군 뒤 소분하여 냉동보관하면 좋다.

• 주꾸미를 볶을 때 센불에서 볶아야 물이 덜 생긴다.

1~2인분 | 조리시간 15~20분 | 난이도 ★★☆

바지락볶음

시원한 바다의 맛과 향을 느낄 수 있어요.

재료   바지락 1½컵(=약 300g), 대파 1대, 매운 고추 2개,
          홍고추 1개, 마늘 5개, 버터 2스푼, 청주 1/2컵,
          소금 약간, 후춧가루 약간

*대체재료   크레쉬드레드페퍼 ▶ 베트남고추

만들기

1   바지락은 해감해 준비한다.

2   대파, 고추는 어슷하게 썰고 마늘은 편 썬다.

3   중간 불로 달군 팬에 버터를 녹여 마늘을 넣고 마늘향이
    올라오면 대파를 넣고 볶다가 고추, 바지락을 넣어 살짝
    볶는다.

4   청주를 붓고, 소금, 후춧가루로 간을 한 뒤 볶는다.
    ⋯▶ 바지락이 벌어질 때까지 볶는다.

5   물을 살짝 넣고 조금 더 끓여 크레쉬드레드페퍼를 뿌려
    완성한다.

3~4인분 | 조리시간 30분 | 난이도 ★★☆

2인분 | 조리시간 35분 | 난이도 ★★☆

고등어무조림

어린 시절 어머니께서 만들어주신 그 맛

재료	손질 고등어 4–5토막, 대파 1대, 매운 고추 1개, 무 1/5개, 쌀뜨물 2컵
밑간양념	생강술 1스푼, 맛술 1스푼
양념장	생강즙 1/2스푼, 고춧가루 3½스푼, 다진 마늘 2스푼, 된장 1/2스푼, 간장 5스푼, 매실청 1스푼, 참기름 2스푼

만들기

1 고등어는 **밑간양념**을 뿌려 10분간 재운다.

2 대파, 고추는 어슷 썰고 무는 큼직하게 썬다.

3 냄비 바닥에 무를 깔고 고등어를 올린 뒤 쌀뜨물 2컵을 붓고 양념장을 올린다.

4 중약 불에 졸이면서 양념을 끼얹는다.

5 자박하게 졸여지면 대파, 고추를 올리고 국물이 없어질 때까지 조린 뒤 완성한다.

갈치조림

이제는 집에서 갈치조림 쉽게 만들어 먹어요.

재료	갈치 3토막, 무 1/4개, 양파 1/2개, 대파 1/2대, 홍고추 1개, 매운 고추 2개
양념장	맛간장 1스푼, 육수 1컵, 고춧가루 1스푼, 생강청 1/2스푼, 진간장 1/2스푼, 양파효소 1스푼, 다진 마늘 1/2스푼, 파기름 1/2스푼, 후춧가루 약간

*대체재료 무 ▶ 감자, 애호박, 시래기

갈치 ▶ 가자미, 조기

만들기

1 갈치는 내장을 깨끗이 제거하고 소금물에 5분 정도 담근 뒤 물에 씻어 물기를 뺀다. 팬에 기름을 둘러 살짝 굽는다.

2 무는 큼직하게 2cm 두께로 썬다. 양파는 채 썰고 대파, 고추는 어슷 썬다.

3 볼에 **양념장** 1/2과 양파, 대파, 고추를 모두 넣어 섞는다.

4 냄비에 무와 구운 갈치, ③을 넣은 뒤 나머지 양념장을 넣고 한소끔 끓인다.

5 국물이 끓기 시작하면 중약 불로 줄여 자작해질 때까지 조려 완성한다.

TIP

• 갈치는 내장을 깨끗이 제거하지 않으면 비린내가 나기 때문에 깨끗이 손질한다.

• 생선을 조릴 때 뚜껑을 덮으면 비린맛이 스며들 수 있으므로 뚜껑을 열어 조리한다.

2인분 | 조리시간 25분 | 난이도 ★★☆

코다리조림

이대로 만들면 여기가 코다리조림 맛집

재료	코다리 2마리, 무 1/3개, 매운 고추 5개, 참깨 약간
전분물	전분 1/2스푼, 물 2/3컵
양념장	만능조림양념장 2컵, 육수 1컵, 후춧가루 약간

만들기

1 코다리는 지느러미와 꼬리를 제거하고 2-3토막 낸다.

2 무는 2cm 두께로 썰어 반으로 자르고 고추는 어슷 썬다.

3 냄비에 무와 고추, 손질한 코다리를 올린 뒤 **양념장**을 붓고 한소끔 끓인다. 국물이 끓기 시작하면 중약 불로 줄여 **전분물**을 넣고 자작해질 때까지 조린다.

4 중간중간 양념이 골고루 배도록 양념장을 끼얹는다. 코다리에 양념이 배면 불을 끄고 참깨를 뿌려 완성한다.

TIP

• 완전히 식힌 뒤 냉장보관한다.

• 끓고 있는 상태에서 전분물을 한꺼번에 넣으면 덩어리지기 때문에 가장자리에 조금씩 붓는 것이 좋다.

2~3인분 | 조리시간 25~30분 | 난이도 ★★☆

마파두부

초간단 마파두부 만들기

재료	돼지고기 다짐육 200g, 표고버섯 1개, 양파 1/2개, 매운 고추 1개, 두부 1모, 다진 마늘 1/3스푼
밑간양념	간장 1/4스푼, 맛술 1/3스푼, 소금 약간, 후춧가루 약간
양념장	설탕 1스푼, 고춧가루 2½스푼, 두반장 3스푼, 굴소스 2스푼, 간장 2스푼, 고추기름 1스푼
전분물	전분가루 1스푼 + 물 2스푼

만들기

1 돼지고기 다짐육에 **밑간양념**을 해 10분간 재운다.

2 버섯, 양파, 고추는 잘게 다지고 두부는 먹기 좋게 깍둑썰기한다.

3 볼에 **양념장** 재료들을 고루 섞는다.

4 중간 불로 달군 팬에 기름을 둘러 다진 마늘을 볶다가 향이 올라오면 밑간한 돼지고기를 넣고 볶다가 버섯, 양파, 고추를 넣어 볶는다.

5 양념장을 넣고 볶다가 물 3컵을 넣고 끓인 뒤 전분물을 넣는다.

6 두부를 넣고 고루 섞어 끓으면 완성한다.

3

전·구이·튀김

바삭바삭한 식감의 요리들을 소개합니다.
고소한 기름 냄새가 솔솔, 후각을 자극하면
나도 모르게 접시 앞으로 가게 됩니다.
맛있는 냄새로 유혹에 성공했다면
평생 반찬 레시피로 맛까지 잡아보세요.

파프리카스팸전

파프리카와 스팸으로 또 하나의 전이 만들어진다.

재료	빨강, 노랑 파프리카 각각 1개씩, 양파 1/2개, 통조림 햄 1/3캔, 달걀 2개, 밀가루 2스푼
양념	소금 약간, 후춧가루 약간
선택 재료	매운 고추 1개

만들기

1 파프리카는 모양을 살려 1cm 두께로 썬다.

2 자투리 파프리카와 양파, 고추, 햄은 다진다.

3 볼에 달걀, 밀가루 1스푼, 소금, 후춧가루를 넣고 고루 섞은 뒤 손질한 재료를 모두 넣고 섞어 달걀반죽을 만든다.

4 파프리카 안쪽에 밀가루를 살짝 묻힌다.

5 중간 불로 달군 팬에 기름을 둘러 파프리카를 달걀반죽에 담갔다 올리고 양파 안쪽에 달걀반죽을 넣어 앞뒤로 노릇하게 익혀 완성한다.

애호박게맛살전

애호박과 게맛살로 만드는 특급 반찬

재료	애호박 1개, 소금 약간, 게맛살 1줄, 칵테일새우 5마리, 부추 약간(쪽파 2줄), 후춧가루 약간, 다진 마늘 1스푼, 부침가루 3스푼, 달걀물(=달걀 2개)
양념장	간장 3스푼, 고춧가루 1/2스푼, 식초 1½스푼, 설탕 1스푼
*대체재료	게맛살, 새우 ▶ 통조림 참치, 통조림햄

만들기

1 애호박은 0.5~0.7cm 두께로 썬다. 동그란 틀을 사용해 가운데 부분을 파내고 소금을 살짝 뿌려둔다.

2 게맛살, 새우, 부추를 다진 뒤 소금, 후춧가루, 다진 마늘, 부침가루를 넣고 치댄다.

3 호박 가운데 부분에 ②의 재료를 넣고 부침가루를 앞뒤로 고루 묻힌 뒤 가루를 털어내고 달걀물을 묻힌다.

4 중약 불로 달군 팬에 기름을 둘러 노릇하게 익힌 뒤 **양념장**을 곁들여 완성한다.

TIP

애호박을 소금에 절이면 수분이 빠져 달걀물이 벗겨지는 것을 방지해준다.

두부전

부들부들 입안으로 들어오는 두부의 맛있는 식감

재료　　매운 고추 1개, 홍고추 1개, 두부 1모, 달걀 2개, 밀가루
　　　　1/3컵

양념　　소금 1/4스푼, 후춧가루 약간, 맛술 1스푼, 참깨 약간

양념장　설탕 1스푼, 고춧가루 1/2스푼, 간장 1/2컵, 물 1/4컵,
　　　　식초 1스푼, 맛술 2스푼, 다진 고추 1스푼, 다진 파 2스
　　　　푼, 참깨 1/2스푼

만들기

1 고추는 송송 썰고, 두부는 1.5cm 두께로 납작 썬다.

2 두부에 소금, 후춧가루를 뿌린 뒤 5분 뒤에 키친타월로
　 물기를 제거한다.

3 볼에 달걀, 맛술, 소금, 후춧가루를 풀고 두부에 밀가루
　 를 묻힌 뒤 달걀물을 묻힌다.

4 중간 불로 달군 팬에 기름을 둘러 두부를 올려 앞뒤로 노
　 릇하게 굽는다. (양쪽 약 5분 정도) ⋯ 이때 매운 고추, 홍
　 고추를 예쁘게 올려서 부친다.

5 **양념장**을 고루 섞은 뒤 곁들여 완성한다.

양파참치전

참치의 변신, 이렇게 만들어도 맛있는 전이 됩니다

재료	양파 1개, 당근 1/7개, 홍고추 1개, 쪽파 약간, 통조림 참치 1캔(=100g), 밀가루 2–3스푼, 달걀 2개
양념	맛술 1스푼, 소금 약간, 후춧가루 약간
선택 재료	매운 고추 1개

만들기

1 양파는 모양을 살려 1cm 두께로 썰어 떼어낸다.

2 자투리 양파와 당근, 고추는 다지고 쪽파는 송송 썬다.

3 참치는 체에 밭쳐 기름을 제거한다.

4 볼에 달걀, 맛술, 소금, 후춧가루를 넣고 고루 섞은 뒤 손질한 재료와 밀가루 1스푼을 넣고 골고루 섞는다.

5 양파 안쪽에 밀가루를 살짝 묻힌다. ┄▶ 양파에 살짝 물기가 있어야 묻는다.

6 중간 불로 달군 팬에 기름을 둘러 양파를 달걀물에 담갔다 빼 올리고 양파 안쪽에 달걀반죽을 넣어 앞뒤로 노릇하게 익혀 완성한다.

옥수수참치전

오독오독 터지는 옥수수와 찹찹 씹히는 참치의 밸런스

재료	양파 1/2개, 달걀 2개, 통조림 참치 1캔, 통조림옥수수 2/3컵, 소금 약간, 후춧가루 약간
선택 재료	파르메산 치즈가루 약간

만들기

1 양파는 채 썬다.

2 볼에 달걀을 깨 넣어 고루 푼다.

3 통조림 참치는 기름을 빼고, 통조림옥수수도 체에 거른다.

4 다진 양파, 소금, 후춧가루, 파르메산 치즈가루를 넣어 섞는다.

5 팬에 기름을 두르고 앞뒤로 노릇하게 부쳐 완성한다.

TIP

아이들이 먹을 때는 재료를 다져서 넣어도 좋다.

2인분 | 조리시간 10~15분 | 난이도 ★☆☆

시금치전

시금치를 이렇게 먹어도 맛있어요! 양념간장 콕!

재료　시금치 1~2줌, 매운 고추 1개, 홍고추 1개, 양파 1/2개,
　　　부침가루 3/4컵, 빵가루 1/4컵(= 3:1비율),
　　　건새우 1스푼, 표고버섯가루 1스푼

양념장　다진 대파 1/2스푼, 설탕 1스푼, 고춧가루 1½스푼,
　　　간장 4스푼, 식초 3스푼, 참깨 1/2스푼

만들기

1　시금치는 끓는 물에 40초간 데친 뒤 찬물에 헹궈 물기를
　짜고 먹기 좋게 썬다.

2　고추는 송송 썰고 양파는 채 썬다.

3　볼에 부침가루와 빵가루를 비율대로 넣고 건새우, 버섯가
　루, 손질한 채소를 넣고 물을 조금씩 넣어가며 농도를 맞
　춰 반죽을 만든다.

4　중간 불로 달군 팬에 기름을 둘러 반죽을 부어 고루 편다.

5　앞뒤로 노릇하게 익힌 뒤 **양념장**을 곁들여 완성한다.

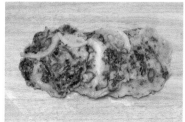

2인분 | 조리시간 10분 | 난이도 ★☆☆ 　　　　 1~2인분 | 조리시간 10~15분 | 난이도 ★☆☆

배추전

달큰하고 시원한 배추전에 막걸리 한 잔 어때요?

재료	배추잎 5장
반죽양념	부침가루 1/3컵, 튀김가루 1/3컵, 보리새우 1스푼, 달걀 1개, 소금 약간
양념장	간장 2스푼, 식초 1스푼, 올리고당 1/2스푼(or 설탕), 송송 썬 매운 고추 1/2개, 고춧가루 1/3스푼, 깨소금 약간

만들기

1 배추는 줄기 부분을 칼등으로 살짝 두드려 편다.

2 부침가루, 튀김가루를 1:1 비율로 섞고 보리새우, 달걀, 소금, 물을 넣고 주르륵 흐를 정도의 농도로 반죽한다.

3 배추에 반죽물을 묻히고 중간 불로 앞뒤로 노릇하게 굽는다.

4 **양념장**을 곁들여 완성한다.

부추장떡

부추의 식감과 장떡의 감칠맛

재료	부추 1/3단, 매운 고추 4개, 부침가루 6스푼, 튀김가루 3스푼
고추장물	고추장 3스푼 + 물 1컵
선택 재료	홍고추 1개

만들기

1 부추와 고추는 잘게 썬다.

2 볼에 부추, 고추, 부침가루, 튀김가루를 넣고 골고루 섞는다.

3 **고추장물**을 부어 고루 섞어 반죽을 만든다.

4 중간 불로 달군 팬에 기름을 둘러 반죽을 한입 크기로 올린다.

5 앞뒤로 노릇하게 구워 완성한다.

팽이버섯전

팽이버섯의 쫄깃아삭한 식감과 전의 바삭함

재료	팽이버섯 2봉, 양파 1/3개, 달걀 3개, 부침가루 4스푼
양념	소금 3꼬집, 후춧가루 약간
선택 재료	매운 고추 2개

만들기

1 팽이버섯은 밑동을 자른 뒤 3~4등분하고 양파, 고추는 다진다.

2 볼에 재료를 넣고 달걀, 부침가루, 소금, 후춧가루를 넣고 고루 섞는다.

3 중간 불로 달군 팬에 기름을 둘러 앞뒤로 바삭하게 굽는다.

4 양념간장이나 케첩을 곁들여 완성한다.

해물파전

여기가 유명한 해물파전 맛집

재료	쪽파 2줌, 모둠해물 200g, 홍고추 1/2개, 풋고추 1/2개
반죽	달걀 1개, 물 1컵, 부침가루 1/2컵, 튀김가루 1/2컵, 소금 약간
양념장	간장 1½스푼, 식초 1스푼, 설탕 1/2스푼, 참깨 약간

* 대체재료　쪽파 ▶ 미나리

만들기

1 쪽파는 다듬고 깨끗이 씻어 체에 밭쳐 물기를 빼고 반으로 썬다.

2 모둠해물은 깨끗이 씻어 체에 밭쳐 물기를 뺀다.

3 볼에 **반죽재료**를 넣고 고루 섞는다.

4 팬에 기름을 넉넉히 두르고 반죽물, 쪽파, 모둠해물 순으로 올린 뒤 나머지 반죽물을 모두 부어 앞뒤로 노릇하게 굽는다.

5 **양념장**을 곁들여 완성한다.

김치전(+치즈김치전)

김치전에 치즈를 올려보세요! 풍미가 달라져요.

재료	양파 1/3개, 김치 2½컵, 부침가루 2컵, 튀김가루 1컵, 김치국물 1/3컵, 고춧가루 1스푼, 보리새우 1스푼
선택 재료	모차렐라치즈 1컵, 파슬리가루 약간

만들기

1 양파는 채 썰고 김치는 잘게 썬다.

2 볼에 김치, 양파, 부침가루, 튀김가루, 김치국물, 고춧가루, 보리새우, 물 2컵을 넣고 젓가락으로 풀어가며 고루 섞는다. ⋯▶ 물은 농도를 보아가며 넣는다.

3 중간 불로 달군 팬에 기름을 넉넉히 둘러 앞뒤로 바삭하게 굽는다. ⋯▶ 여기까지 김치전 완성!

4 취향에 따라 모차렐라치즈를 올리고 파슬리가루를 뿌려 팬의 뚜껑을 덮어 치즈를 녹여 김치치즈전을 완성한다.

2인분 | 조리시간 20분 | 난이도 ★☆☆

톳전

톳으로 전을 만든다고? 한번 맛보면 잊을 수 없어요.

재료	톳 1줌(=150g), 매운 고추 1개, 홍고추 1개
반죽재료	튀김가루 1/3컵 부침가루 2/3컵, 황태가루 1/2스푼, 새우가루 1/2스푼
양념장	설탕 1스푼, 고춧가루 1/2스푼, 간장 3스푼, 식초 1스푼, 참깨 약간
*대체재료	톳 ▶ 파래, 매생이

만들기

1 톳을 부드럽게 데친 후 먹기 좋은 길이로 썬다.

2 고추는 어슷 썬다.

3 **반죽재료**에 물을 조금씩 넣어가며 주르륵 흐를 정도의 농도로 반죽한 뒤 톳과 고추를 넣어 섞는다.

4 팬에 기름을 두르고 중약 불로 노릇노릇하게 부쳐 **양념장**과 곁들여 완성한다.

TIP

반죽할 때 두부를 으깨서 반죽해도 좋다.

동남아식굴전

동남아에서는 굴을 이렇게 해서 먹어요! 사와디캅

재료	굴 1컵, 청주 1스푼, 숙주 1줌, 쪽파 4대, 달걀 2개
전분물	전분가루 3스푼, 물 3스푼
양념장	간장 1½스푼, 식초 1스푼, 맛술 1/2스푼, 설탕 1/2스푼, 쪽파 약간, 참깨 약간

만들기

1 굴은 깨끗이 손질한 뒤 청주를 넣어 고루 섞고 숙주는 손질해 체에 밭치고 쪽파는 송송 썬다.

2 볼에 굴, **전분물**을 넣고 고루 섞는다.

3 중간 불로 달군 팬에 기름을 둘러 전분물을 묻힌 굴을 올리고 달걀을 올린다.

4 숙주, 쪽파를 올리고, 나머지 전분물을 모두 부은 뒤 앞뒤로 노릇하게 익혀 **양념장**을 곁들여 완성한다.

모둠전(깻잎전, 새우전, 고추전, 육전, 표고버섯전)

다양한 모둠전 이렇게 한 번 만들어보세요.

---

❶ 깻잎전 : 2인분 / 조리시간 20분 / 난이도 ★★☆

재료	깻잎 10장, 파프리카 1/4개, 매운 고추 1개, 돼지고기 다짐육 150–180g, 밀가루 약간, 달걀물(=달걀 2개)
양념	달걀 노른자 1개, 소금 1/5스푼, 부침가루 3스푼, 참기름 1스푼, 후춧가루 약간

만들기

1 깻잎은 깨끗이 씻어 물기를 제거하고 꼭지를 짧게 자른다.

2 파프리카와 고추는 곱게 다진 후 돼지고기 다짐육과 **양념**을 넣고 고루 섞어 여러 번 치댄다.

3 깻잎 안쪽에 밀가루를 묻혀 털어낸다. 소를 넣고 3등분으로 접어 평평하게 만든다.

4 깻잎에 밀가루 ⋯ 달걀물 순으로 묻힌다.

5 팬에 기름을 두르고 약불로 지져 완성한다.

---

❷ 새우전 : 2인분 / 조리시간 25분 / 난이도 ★★☆

재료	새우 10개, 소금, 후춧가루 약간, 청주 1스푼, 파프리카 1/4개, 매운 고추 1개, 돼지고기 다짐육 50–60g, 달걀물(=달걀 2개)
밑간양념	청주 1스푼, 후춧가루 약간
양념	달걀 노른자 1개, 소금 1/5스푼, 참기름 1스푼, 후춧가루 약간

만들기

1 새우는 머리를 떼고 꼬리쪽은 살리고 껍질을 벗긴다. 등쪽에 칼집을 낸 뒤 내장을 제거하고 깨끗이 씻어 물기를 제거해 칼등으로 두드려 편다.

2 손질된 새우에 **밑간양념**을 넣고 조물조물 버무려 놓는다.

3 밑간한 새우에서 2–3마리는 잘게 다진다.

4 파프리카와 고추는 곱게 다진 후 돼지고기 다짐육과 다진 새우, **양념**을 넣고 고루 섞어 여러 번 치댄다.

5 손질한 새우에 밀가루를 고루 묻히고 새우 위에 소를 올려 달걀물을 묻힌다.

6 팬에 기름을 두르고 중약 불로 지져 완성한다.

❸ 고추전 : 2인분 / 조리시간 20분 / 난이도 ★★☆

재료	아삭이고추 10개, 파프리카 1/4개, 매운 고추 1개, 돼지고기 다짐육 150–180g, 달걀물(=달걀 2개)
양념	달걀 노른자 1개, 소금 1/5스푼, 참기름 1스푼, 후춧가루 약간

만들기

1 고추는 깨끗이 씻어 물기를 제거하고 꼭지를 뗀 뒤 반갈라 씨를 털어낸다.

2 파프리카와 고추는 곱게 다진 후 돼지고기 다짐육과 **양념**을 넣고 고루 섞어 여러 번 치댄다.

3 손질된 고추 안쪽에 밀가루를 묻혀 털어낸 뒤 소를 넣고 평평하게 만든다.

4 소가 들어간 쪽에만 밀가루를 살짝 묻히고 달걀물을 묻힌다.

5 팬에 기름을 두르고 중약 불로 지져서 뒤집고 윗면은 살짝만 지져 완성한다.

❺ 표고버섯전 : 2인분 / 조리시간 20분 / 난이도 ★★☆

재료	표고버섯 10개, 소금 약간, 파프리카 1/4개, 매운 고추 1개, 돼지고기 다짐육 150–170g, 달걀물(=달걀 2개)
양념	달걀 노른자 1개, 소금 1/5스푼, 참기름 1스푼, 후춧가루 약간

만들기

1 표고는 기둥을 떼고 안쪽에 소금을 뿌려 놓는다.

2 파프리카와 고추는 곱게 다진 후 돼지고기 다짐육과 **양념**을 넣고 고루 섞어 여러 번 치댄다.

3 표고버섯 안쪽에 소를 꼭꼭 채워 평평하게 만든다.

4 소가 들어간 쪽에만 밀가루를 살짝만 묻히고 달걀물을 묻힌다.

5 팬에 기름을 둘러 약불로 지진 후 뒤집고 윗면은 살짝만 지져 완성한다.

❹ 육전 / 2인분 / 조리시간 15분 / 난이도 ★☆☆

재료	홍두깨살 300g, 밀가루 1/2컵, 달걀물(달걀 3개)
밑간양념	간장 2스푼, 청주 1스푼, 참기름 1스푼, 후춧가루 약간

만들기

1 고기는 키친타월에 올려 핏물을 제거하고 **밑간양념**을 발라 5분간 재운다.

2 밑간한 고기를 밀가루, 달걀물 순으로 묻힌다.

3 달군 팬에 기름을 둘러 앞뒤로 노릇하게 지져 완성한다.

가지튀김만두

가지를 더 맛있게 즐기는 방법

재료	가지 3개, 소금 약간, 씻은 배추김치 150g, 대파 1/5개, 양파 1/5개, 당근 1/5개, 매운 고추 1개, 홍고추 1개, 부침가루 약간, 달걀 흰자물(=달걀 2개)
만두소양념	돼지고기 다짐육 70g, 간장 1스푼, 설탕 1스푼, 참기름 1스푼, 다진 마늘 1/2스푼, 부침가루 1스푼, 후춧가루 약간
양념장	칠리소스 1스푼, 케첩 1스푼

만들기

1 가지는 두툼하고 어슷하게 썰어 가운데가 벌어지도록 반을 가른 뒤 소금을 살짝 뿌려둔다.

2 배추김치, 대파, 양파, 당근, 고추를 곱게 다진다.

3 ②의 재료에 **만두소양념**을 섞은 뒤 손질한 가지에 만두소를 채운다.

4 가지에 부침가루 ⋯ 달걀 흰자물을 입힌 뒤 160℃의 기름에 튀긴다.

5 **양념장**을 곁들여 완성한다.

TIP

반죽은 달걀흰자만 써야 튀김옷이 두껍지 않다.

2~3인분 | 조리시간 20분 | 난이도 ★★☆

가지전

가지의 새로운 변신! 반찬, 안주, 다 가능한 가지전

재료	가지 2개, 매운 고추 1개, 홍고추 1개, 양파 1/4개, 달걀물(=달걀 2개), 부침가루 약간
밑간양념	소금 약간, 참기름 약간, 후추 약간
양념장	간장 2스푼, 식초 1스푼, 설탕 1스푼, 송송 썬 매운 고추 1/2스푼, 참깨 약간

만들기

1 가지를 길게 반 갈라 전자렌지에 1분 30초간 돌린다.

2 전자렌지에 돌린 가지를 홍두깨나 고기망치를 이용해 두드려 펴준다.

3 고추, 양파를 곱게 다져 달걀물에 섞는다.

4 **밑간양념**을 가지 안쪽에 발라 10분간 둔다.

5 가지에 부침가루 - 달걀물 순으로 묻힌 뒤 기름을 두른 팬에 앞뒤로 노릇하게 부친 뒤 **양념장**을 곁들여 완성한다.

*재료 고르는 법

가지는 꼭지에 가시가 있는 것이 좋다. 너무 굵은 것은 피하고 보랏빛이 진한 것을 고른다.

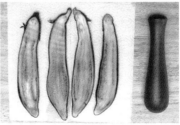

2~3인분 | 조리시간 15분(고구마 삶는 시간 15~20분) | 난이도 ★☆☆

고구마볼튀김

겉바속촉 부드럽고 달콤하게

재료　삶은 고구마 3개, 우유 1/3컵, 설탕 1/3스푼, 소금 약간,
　　　피자치즈 1/2컵, 밀가루 1/3컵, 달걀 1개, 빵가루 1컵

선택 재료　파슬리가루 약간

만들기

1　삶은 고구마는 껍질을 벗긴 뒤 으깨고 우유, 설탕, 소금을
　　넣고 고루 섞는다.

2　한입 크기로 빚은 뒤 가운데에 피자치즈를 넣어 동그랗게
　　빚는다.

3　밀가루 ···▶ 달걀 ···▶ 빵가루(+파슬리가루) 순으로 묻힌다.

4　170℃로 달군 기름에 노릇하게 구워 완성한다.

TIP

허니머스터드나 케첩을 곁들인다.

3인분 | 조리시간 30분(전분 숙성시간 5시간)
난이도 ★★☆

2인분 | 조리시간 20분(전분 숙성시간 5시간) | 난이도 ★★☆

표고탕수육

고기 못지 않은 버섯의 식감, 맛있게 바삭!

재료	표고버섯 10–12개, 색색 파프리카 1/4개, 매운 고추 1개, 다진 파, 다진 생강 각 1/2스푼, 다진 마늘 1스푼, 후춧가루 약간
탕수육소스	간장 1/3컵, 설탕 1/3컵, 식초 1/3컵, 물 1/3컵
물전분	전분 1컵, 물 1컵, 기름 4스푼
선택 재료	통조림 완두콩 약간
*대체재료	표고 ▶ 가지

만들기

1 표고버섯은 기둥을 떼고 한입 크기로 썬다.

2 파프리카와 고추는 굵게 다진다.

3 전분에 물을 넣고 5시간 정도 숙성시킨 뒤 물을 따라내고 기름을 섞는다. … 생크림 정도의 농도가 좋다.

4 물전분에 손질한 표고버섯을 넣고 반죽을 골고루 묻혀 170℃의 기름에 2번 튀긴다.

5 **탕수육소스**를 끓여 한 김 식힌 뒤 ②의 채소와 완두콩, 다진 파, 다진 생강, 다진 마늘, 후춧가루를 넣고 고루 섞는다.

6 표고탕수에 **탕수육소스**를 뿌려 완성한다.

TIP

기름에 반죽을 넣고 3초 뒤에 떠오르면 적정한 온도다.

꼬막탕수육

꼬막을 튀겼더니 이렇게 맛있어요.

재료	색색 파프리카 1/4개, 양파 1/4개, 오이 1/4개, 당근 1/4개, 목이버섯 2장, 꼬막살 1컵
물전분	전분 1컵, 물 1컵, 기름 4스푼, 부침가루 2스푼
소스	간장 2스푼, 설탕 4스푼, 매실청 3스푼, 식초 3스푼, 물 1½컵
전분물	전분 1/2스푼, 물 2스푼

만들기

1 전분에 물을 넣고 5시간 정도 숙성시킨 뒤 물을 따라내고 기름와 부침가루를 섞어 물전분을 만든다. … 생크림 정도의 농도가 좋다.

2 파프리카와 양파는 깍둑 썰고 오이와 당근은 반달 썬다. 목이버섯은 물에 불려 한입 크기로 뜯는다.

3 물전분에 꼬막살을 넣고 반죽을 골고루 묻혀 170℃ 기름에 2번 튀긴다.

4 팬에 **소스**를 넣고 센불에서 끓인 뒤 손질한 채소와 버섯을 넣고 한소끔 끓인다. 전분물을 넣으면서 농도 조절을 한다.

5 튀긴 꼬막살에 소스를 뿌려 완성한다.

*재료 고르는 법

11월–3월이 제철이며 표면에 상처가 없고, 깨져 있지 않은 것으로 고른다.

표고버섯밥전

한끼 간식, 식사대용으로도 좋은 표고버섯밥전

재료	표고버섯 10개, 색색 파프리카 1/4개, 쪽파 1대, 밥 1공기, 달걀 2개, 소금 약간
밑간	밀가루 1스푼, 소금 약간, 참기름 약간, 후춧가루 약간
양념	소금 1/5스푼, 매실청 1/2스푼, 참기름 1스푼, 후춧가루 약간

*대체재료 표고버섯 ▶ 양송이버섯

만들기

1 표고버섯은 기둥을 떼고 전자레인지에 1분간 돌린 후 **밑간**한다.

2 파프리카는 곱게 다지고 쪽파는 송송 썬다.

3 밥에 ②의 재료와 **양념**을 섞어 표고버섯 속을 꼭꼭 채워 평평하게 만든다.

4 달걀은 노른자와 흰자를 분리한 후 노른자에 소금을 섞어 풀어둔다.

5 소가 들어간 쪽에 밀가루와 노른자 순으로 묻힌다.

6 팬에 기름을 두르고 중약 불로 표고버섯 아래쪽을 지진 후 뒤집어 윗면은 살짝만 지져 완성한다.

TIP

밀가루와 달걀물을 묻힌 뒤 바로 지져야 부침옷이 떨어지지 않는다.

갈치구이

뜨끈한 밥 위에 갈치구이 한 점 올려서 드셔보세요.

재료　　갈치 3토막, 소금 약간, 튀김가루 1/2컵

만들기

1 갈치는 손질해 흐르는 물에 씻은 뒤 키친타월로 물기를 제거해 칼집을 넣는다.

2 소금을 약간 뿌린 뒤 냉장에 20분 정도 넣어둔다.

3 튀김가루를 앞뒤로 고루 묻힌다.

4 중간 불로 달군 팬에 기름을 둘러 앞뒤로 노릇하게 구워 완성한다.

TIP

• 튀김가루 대신 밀가루나 부침가루를 사용해도 좋다.

• 갈치 표면의 은빛은 구아닌(Guanine)이다. 구아닌은 소화 장애가 있을 수 있어 표피를 칼로 긁어 제거하거나 충분히 익혀 먹는 것이 좋다.

• 밀가루나 부침가루를 묻히고 구우면 살이 덜 부서진다.

연어구이

담백하고 부드러운 연어구이

재료　　생연어 2토막(200~300g)
밑간　　생강술 1스푼, 소금 약간, 후춧가루 약간
양념　　데리야키소스 2~3스푼

만들기

1 연어는 **밑간**한다.

2 중간 불로 달군 팬에 기름을 둘러 연어를 노릇하게 굽는다.

3 데리야키소스를 바른 뒤 윤기나게 조려 완성한다.

TIP

• 데리야키소스 대신 간장(2스푼), 물엿(1½스푼), 후춧가루(약간)를 사용해도 된다.

• 연어는 바싹 구우면 살이 퍽퍽해진다. 팬을 달군 뒤 연어의 껍질부분을 아래로 가게 해 굽는다. 중약 불로 천천히 익히고, 살이 90% 이상 익었을 때, 뒤집어 30초 정도만 익히면 부드럽고 촉촉하게 먹을 수 있다.

1~2인분 | 조리시간 15~20분(재우는 시간 15분) | 난이도 ★★☆

1~2인분 | 조리시간 15분(재우는 시간 15분) | 난이도 ★☆☆

삼치구이

새하얀 속살이 부드럽게 입안에서 녹는 맛

재료	손질 삼치 1마리, 대파 1대, 양파 1/3개, 마늘 4개, 생강 1톨, 베트남고추 3개
밑간	소금 약간, 생강술 1스푼
데리야키소스	설탕 1스푼, 맛술 3스푼, 간장 5스푼, 물엿 1스푼
선택 재료	생강채 약간, 레몬 약간

만들기

1 삼치는 깨끗이 손질한 뒤 물기를 제거해 등쪽에 ×자 칼집을 넣고 소금, 생강술을 뿌려 15분간 재운다.

2 대파는 3cm 길이로 썰고, 양파는 굵게 채 썰고 마늘, 생강은 편 썬다.

3 중간 불로 달군 팬에 기름을 둘러 삼치를 노릇하게 굽는다. ···→ 등쪽이 바닥에 닿게 구워준다.

4 소스팬에 대파, 양파, 마늘, 생강, 고추, **데리야키소스** 재료를 넣고 중간 불에 바글바글 끓인다.

5 팬에 구운 삼치, 소스를 끼얹어 가면서 약불에 조린 뒤 접시에 담고 생강채와 레몬을 곁들여 완성한다.

고등어엿장구이

고등어를 더 맛있게 먹는 방법

재료	손질 고등어 2~3토막, 튀김가루 2스푼
밑간양념	생강술 1스푼, 맛술 1스푼
양념장	설탕 1스푼, 다진 마늘 1스푼, 맛술 1스푼, 간장 1스푼, 매실청 1스푼
선택 재료	쪽파 약간, 참깨 약간

만들기

1 고등어는 **밑간양념**을 뿌려 15분간 재운다.

2 고등어에 튀김가루를 앞뒤로 묻힌다.

3 볼에 **양념장**을 넣어 고루 섞는다.

4 중약 불로 달군 팬에 기름을 둘러 고등어를 앞뒤로 노릇하게 굽는다.

5 양념장을 조금씩 끼얹어 조린 뒤 쪽파와 참깨를 뿌려 완성한다.

황태구이

포슬포슬 구수한 황태에 입에 착 감기는 양념까지

재료	황태포 2마리, 쌀뜨물 3컵, 쪽파 1대, 참깨 약간
밑간양념	간장 2스푼, 참기름 2스푼
양념장	고운고춧가루 2스푼, 양파효소 2스푼, 배효소 2스푼, 올리고당 2스푼, 참기름 2스푼, 맛술 2스푼, 다진 마늘 1½스푼, 후춧가루 약간

*대체재료   배효소 ▶ 배음료
             양파효소 ▶ 양파즙

만들기

1 황태포는 머리와 지느러미, 꼬리를 제거하고 쌀뜨물에 담갔다가 바로 건져 물기를 짠다.

2 잔가시를 제거하고 껍질 쪽에 사선으로 칼집을 넣은 뒤 앞뒤로 **밑간양념**을 바른다.

3 쪽파는 송송 썬다.

4 팬에 기름을 넉넉히 둘러 황태를 앞뒤로 굽는다.

5 황태 안쪽에만 양념장을 바른 뒤 양념이 배도록 10분간 둔다.

6 약불에서 황태껍질 쪽이 바닥에 닿도록 올려 굽고, 양념 바른쪽은 살짝만 구워 쪽파와 참깨를 뿌려 완성한다.

TIP

황태 머리와 지느러미, 꼬리는 버리지 말고 육수 낼 때 사용하면 좋다.

황태껍질강정

바삭바삭 황태껍질 특급 활용레시피

재료	황태껍질 100g, 쪽파 2대, 다진 마늘 1스푼, 참깨 약간
양념장	올리고당 2/3컵, 케찹 3스푼, 다진 마늘 1/2스푼, 고춧가루 3스푼, 맛술 2스푼, 참기름 2스푼, 굴소스 1스푼, 간장 1스푼, 후춧가루 약간

만들기

1 황태껍질은 지느러미와 등가시를 잘라내고 8-10cm 크기로 큼직하게 자른다.

2 팬에 기름을 넉넉히 붓고 140-150℃에 노릇노릇하게 튀겨낸다.

3 쪽파는 송송 썬다.

4 팬에 기름, 다진 마늘을 넣고 볶아 마늘향이 올라오면 **양념장**을 넣고 바글바글 끓인 후 불을 끄고, 튀긴 황태껍질을 넣고 재빨리 버무린다.

5 쪽파, 참깨를 뿌려 완성한다.

TIP

• 기름이 150℃가 넘지 않도록 주의하면서 튀긴다.

• 손질할 때 잘라낸 지느러미와 등가시는 버리지 않고 육수 낼 때 사용하면 좋다.

• 튀긴 황태껍질을 양념에 빠르게 버무려야 눅눅하지 않고 바삭하다.

3인분 | 조리시간 30분(닭다리 손질시간 25분) | 난이도 ★ ★ ★

간장닭다리구이

닭다리를 뜯고 맛보고 즐기고

재료	닭다리 8-10개, 우유 3컵, 전분 1컵
밑간양념	다진 마늘 1스푼, 소금 약간, 후춧가루 약간
양념장	만능요리간장 1/2컵, 다진 매운 고추 1스푼, 맛술 4스푼, 다진 마늘 1스푼, 고춧가루 1/2스푼, 후춧가루 약간
*대체재료	닭다리 ▶ 닭봉
	닭날개 ▶ 목살

만들기

1 닭다리는 칼집을 낸 뒤 우유에 10분간 담가둔다.

2 끓는 물에 15분간 데치고 흐르는 물에 헹군 뒤 체에 밭쳐 물기를 뺀다.

3 닭다리를 **밑간양념**으로 버무린 뒤 전분을 고루 뿌려 둔다.

4 기름을 넉넉히 둘러 앞뒤로 노릇하게 굽고 센불로 다시 한번 구워준다.

5 준비해둔 **양념장**과 구운 닭다리를 중불에서 골고루 섞으면서 익히고, 양념장이 자작해지면 약한 불로 졸여 완성한다.

TIP

닭다리를 우유에 재워놓으면 잡내가 제거되고 부드러워진다.

2~3인분 | 조리시간 25~30분(밑간 10분) | 난이도 ★★☆

마늘닭강정

간식으로, 술안주로 안성맞춤

재료	마늘 20–25개, 닭안심 10–12토막, 치킨가루 1/2컵
밑간	우유 4스푼, 소금 2꼬집, 후춧가루 약간
양념	만능요리간장 2/3컵, 물엿 8스푼
선택 재료	파슬리가루 약간

만들기

1 마늘은 굵게 다진다.

2 닭안심은 **밑간**한다.

3 치킨가루에 물 1/2컵을 넣어 고루 풀어 반죽물을 만든다.

4 닭안심에 반죽물을 입힌 뒤 170도의 기름에 튀긴다.
 ··· 두 번 튀긴다.

5 팬에 **양념**과 다진 마늘을 넣고 약한 불에 끓인다.

6 보글보글 끓으면 닭튀김을 넣어 센불에 고루 버무려 완성
 한다.

2~3인분 | 조리시간 30분 | 난이도 ★★☆

불고기

국민 반찬 불고기, 더 맛있게 만드는 방법

재료	소고기 500g, 양파 1/2개, 표고버섯 3개, 파프리카 1/4개, 팽이버섯 1/2줌, 만가닥버섯 1/2줌, 대파 1/3대
밑간양념	배효소 2스푼, 양파효소 2스푼, 맛술 2스푼
양념장	맛간장 1/2컵, 육수 1/2컵, 맛술 3스푼, 다진 마늘 1½스푼, 배효소 2스푼, 양파효소 2스푼, 참기름 2스푼, 후춧가루 약간

*대체재료 배효소 ▶ 배음료

양파효소 ▶ 양파즙

만들기

1 소고기는 키친타월에 올려 핏물을 제거하고 **밑간양념**을 넣고 버무려 10~15분간 재운다.

2 양파, 표고버섯, 파프리카는 채 썰고 팽이버섯, 만가닥버섯은 가닥가닥 떼고, 대파는 어슷 썬다.

3 볼에 밑간한 소고기와 손질한 채소(팽이버섯, 만가닥버섯 제외), **양념장**을 넣고 무쳐 20분간 둔다.

4 달군 팬에 양념한 고기를 볶고 팽이버섯과 만가닥버섯을 넣고 고루 섞어 살짝 볶아 완성한다.

TIP

핏물을 제거해야 잡내를 잡을 수 있고, 배효소가 육질을 부드럽게 한다.

2~3인분 | 조리시간 20~25분 | 난이도 ★★☆

오삼불고기

오징어 + 삼겹살 = 이건 못 참죠.

재료	양파 1/2개, 당근 1/6개, 마늘 2개, 오징어 1마리, 삼겹살 300g, 참깨 약간
양념장	설탕 1/2스푼, 다진 마늘 1스푼, 고춧가루 1스푼, 고추장 1½스푼, 맛술 1스푼
선택 재료	매운 고추 1개

만들기

1 양파는 채 썰고, 당근은 부채꼴 모양으로 납작 썰고, 마늘은 편 썰고, 고추는 어슷 썬다.

2 오징어는 손질해 먹기 좋게 썬다.

3 중간 불로 달군 팬에 기름을 둘러 다진 마늘을 넣고 볶다가 향이 올라오면 삼겹살을 넣고 볶는다.

4 삼겹살이 거의 다 익으면 당근, 양파, 고추를 넣고 볶는다.

5 오징어, **양념장**을 넣어 센불에 볶아 오징어가 익으면 참깨를 뿌려 완성한다.

3인분 | 조리시간 20분 | 난이도 ★☆☆

콩나물불고기

오늘 저녁은 내가 콩불요리사

재료   대파 1대, 양파 1/2개, 깻잎 8장, 콩나물 250g,
         돼지고기 불고기용(또는 대패 삼겹살) 450g, 참깨 약간

양념장   설탕 1스푼, 고춧가루 3스푼, 다진 마늘 2스푼,
         고추장 4스푼, 맛술 2스푼, 간장 2스푼, 물엿 1½스푼

선택 재료   매운 고추 1개

만들기

1   대파, 고추는 송송 썰고 양파는 굵게 채 썰고 깻잎은 3등분한다.

2   볼에 **양념장** 재료를 넣고 고루 섞어 양념장을 만든다.

3   넓은 팬에 콩나물, 양파를 깔고 고기, 고추, 양념장을 넣는다.

4   중간 불에 고루 섞으면서 볶는다.

5   고기가 익으면 대파, 깻잎을 넣고 한 번 더 볶은 뒤 참깨를 뿌려 완성한다.

2~3인분 | 조리시간 30분 | 난이도 ★★★

등심양념구이

특별한 날 등심을 이렇게 구워보세요.

재료	소고기 등심 500g, 전분물(전분 1스푼, 물 2스푼)
시즈닝	올리브유 3스푼, 허브솔트 약간, 허브가루 약간, 후춧가루 약간
가니쉬	가지 1/3개, 브로콜리 1/3개, 양파 1/2개, 새송이 3~5개, 편마늘 2스푼, 통조림 파인애플 2개
양념장	만능요리간장 4스푼, 돈카츠소스 1½스푼, 다진 마늘 1스푼, 다진 파 1스푼, 다진 양파 1스푼, 파인애플효소 1스푼, 후춧가루 약간

*대체재료 파인애플효소 ▶ 통조림파인애플, 설탕 1/2스푼

만들기

1 고기는 먹기 좋은 크기로 썰고 키친타월로 핏물을 제거한다.

2 핏물 뺀 고기에 **밑간**을 하고 10~15분간 실온에서 숙성시킨다.

3 가지와 브로콜리는 깨끗이 씻어 한입 크기로 썰고, 양파는 동그란 모양을 살려 썬다.

4 달군 팬에 편마늘을 넣고 볶은 뒤 고기를 올려 노릇하게 굽는다. 고기가 노릇하게 구워지면 **양념장**을 넣고 조린다. 중간중간 양념을 끼얹어가며 조린다.

5 양념장이 줄어들면 전분물을 넣고 고루 섞어주고 불을 끈다.

6 **가니쉬**는 소금과 후추를 뿌려 굽는다. 접시에 고기와 가니쉬를 담아 완성한다.

TIP

핏물을 꼼꼼히 제거해야 잡냄새가 없다.

등심찹쌀구이

손님초대요리로 안성맞춤

재료	돼지고기 등심 350g, 양파 1/4개, 색색 파프리카 1/4개, 영양부추 1/2줌, 찹쌀가루 1컵
밑간양념	다진 마늘 1스푼, 생강즙 2스푼, 레몬즙 2스푼, 양파효소 2스푼, 후춧가루 약간
양념장	만능요리간장 3스푼, 돈카츠소스 1스푼, 다진 마늘 1스푼, 다진 파 1스푼, 설탕 2스푼, 후춧가루 약간
드레싱	연겨자 1스푼, 파인애플효소 3스푼, 다진 마늘 1/2스푼, 다진 양파 1/2스푼, 설탕 2스푼, 간장 3스푼, 식초 3스푼, 올리브유 1스푼

*대체재료   양파효소 ▶ 양파즙
파인애플효소 ▶ 유자청
등심 ▶ 닭다리살

만들기

1. 등심은 0.5cm 두께로 썰어 핏물을 제거한 뒤 고기망치로 두드린다. **밑간양념**으로 10분간 재워둔다.

2. 양파는 얇게 채 썰어 찬물에 헹궈 매운맛을 제거한다. 파프리카도 얇게 채 썰고, 영양부추는 3~4cm로 썬다.

3. 재워둔 등심에 찹쌀가루를 앞뒤로 묻힌다.

4. 기름을 넉넉히 둘러 노릇하게 굽고 **양념장**을 발라가며 다시 한 번 굽는다.

5. 준비한 채소에 **드레싱**을 넣고 버무린다.

6. 접시에 등심과 샐러드를 보기 좋게 담아 완성한다.

LA갈비구이

초대요리로 이만한 게 없어요.

재료　　구이용 LA갈비 1kg, 배 1/4개, 사과 1/4개, 양파 1/4개, 무 1/4개

양념장　만능요리간장 1/2컵, 다진 마늘 1스푼, 다진 파 1스푼, 후춧가루 1/2스푼

＊대체재료　LA갈비 ▶ 돼지갈비, 등심

만들기

1 갈비는 2시간 정도 찬물에 담가 핏물을 뺀다. 2~3번 물을 바꿔준다.

2 믹서기에 배, 사과, 양파, 무, 물 3컵을 넣고 갈아 체에 밭친다.

3 ②에 **양념장** 재료를 섞는다.

4 핏물 뺀 갈비에 ③의 양념장을 붓고 2~3시간 숙성시킨다.

5 달군 팬에 숙성시킨 LA갈비를 넣고 양념장을 끼얹어가며 구워 완성한다.

TIP

바로 먹을 때는 파인애플이나 키위를 갈아서 넣으면 부드럽게 먹을 수 있지만
숙성시켜 먹을 때는 고기가 부서질 수 있으니 넣지 않는 것이 좋다.

Chapter 3 전·구이·튀김　**103**

찹스테이크

아이, 어른 할 것 없이 누구나 좋아하는 찹스테이크

재료	소고기 등심(또는 안심) 300g, 색색 파프리카 1/2개씩, 양파 1/2개, 마늘 5개, 양송이버섯 5개, 버터 1스푼, 파슬리가루 약간
밑간 재료	올리브유 약간, 소금 약간, 후춧가루 약간
소스	스테이크소스(또는 돈카츠소스) 4스푼, 케첩 2스푼, 굴소스 1스푼, 머스터드 소스 1/2스푼, 다진 마늘 1/3스푼, 소금 약간, 후춧가루 약간

만들기

1 소고기는 키친타월로 핏물을 제거하고, 사방 3-4cm 크기로 썬 뒤 볼에 넣고 **밑간 재료**를 넣어 10분 정도 재운다.

2 파프리카, 양파는 한입 크기로 썰고 마늘은 굵게 편 썰고, 버섯은 2-3등분한다.

3 볼에 **소스**를 넣고 고루 섞는다.

4 팬에 버터 1스푼을 둘러 마늘과 고기를 넣어 고기의 겉면이 익으면 손질한 재료들을 넣고 소금, 후춧가루를 뿌려 간해 1분간 볶는다.

5 소스를 붓고 골고루 섞어 30초간 볶은 뒤 그릇에 담아 파슬리가루를 뿌려 완성한다.

1~2인분 | 조리시간 20분 | 난이도 ★☆☆

애호박피자

애호박으로 피자를 만들었어요.

| 재료 | 애호박 1개, 소금 약간, 양파 1/4개, 노랑 파프리카 1/4개, 풋고추 1개, 베이컨 2줄, 옥수수 2스푼, 피자소스 1/2컵, 모차렐라치즈 1컵, 올리브 1스푼 |

*대체재료 애호박 ▶ 가지

피자소스 ▶ 케첩

만들기

1 애호박은 길게 반으로 잘라 소금을 뿌려 전자레인지에 2분 정도 돌려서 속을 파낸다

2 양파, 파프리카, 풋고추, 베이컨은 다진다.

3 팬에 버터를 둘러 ②의 채소와 옥수수를 볶다가 피자소스를 넣고 한 번 더 볶는다.

4 ③의 재료로 애호박 속을 채운 뒤 치즈를 뿌리고 올리브를 보기 좋게 올린다.

5 180℃로 예열한 오븐에 10-12분 정도 구워 완성한다.

TIP

• 애호박은 전자레인지에 돌려야 속을 쉽게 파낼 수 있다.

• 오븐 대신 에어프라이어를 사용해도 좋다.

3인분 | 조리시간 35분 | 난이도 ★★☆

수제돈까스

정성이 담긴 수제돈까스! 너무 맛있어요!

재료	돼지고기 등심 400g, 우유 1/2컵, 밀가루(박력분) 2컵, 빵가루 2컵, 달걀 3개
밑간양념	오레가노, 바질 약간, 소금, 후춧가루 약간
돈까스소스 재료	설탕 1스푼, 스테이크소스 1스푼, 케첩 2½스푼, 버터 1스푼, 물 1컵
전분물	전분가루 1스푼, 물 3스푼
선택 재료	파슬리가루 약간

만들기

1 고기는 고기망치로 모양을 잡고 우유에 담가 10분간 두었다가 꺼내 **밑간양념**해 15분간 재운다.

2 달걀은 고루 섞어 체에 거른다.

3 밀가루 ⋯ 달걀물 ⋯ 밀가루 ⋯ 달걀물 ⋯ 빵가루 순으로 꾹꾹 누르면서 묻힌다.

4 170도로 달군 기름에 약 7분 정도 앞뒤로 바삭하게 튀긴다.

5 소스팬에 **돈까스 소스재료**를 넣고 끓여 반 정도 졸아들면 **전분물**을 넣어 농도를 맞춘다.

6 그릇에 예쁘게 담고 소스를 곁들여 완성한다.

나물밀전병

눈도 입도 즐거운 색다른 나물요리

재료	숙주나물(44페이지 참고), 무나물(36페이지 참고), 취나물(30페이지 참고), 고사리(30페이지 참고)
선택 재료	채 썬 당근
밀전병	밀가루 1⅓컵, 물 1⅓컵, 치자가루 약간, 흑임자 약간, 소금 약간
양념장	맛간장 3스푼, 레몬즙 1스푼

만들기

1 색색으로 밀전병 반죽해서 체에 내린다(농도를 보면서 물 양을 조절한다).

2 팬에 기름을 바르고 수저를 사용해 밀전병을 동그랗게 부친다.

3 숙주나물, 무나물, 취나물, 고사리나물을 준비한다.

4 접시에 나물과 밀전병을 보기 좋게 담고 양념장을 곁들여 완성한다.

TIP

밀가루와 물의 비율은 동량으로 하고 반죽을 체에 걸러야 밀전병의 표면이 매끈하게 된다.

코다리양념구이

매콤한 양념옷을 입은 코다리

재료	코다리 2마리, 밀가루 1/2컵, 양파 1/4개, 색색 파프리카 1/4개, 올리브유 2스푼, 깻잎 3장
밑간양념	소금 약간, 생강즙 2스푼, 후춧가루 약간
양념장	만능요리간장 1/4컵, 고춧가루 1스푼, 맛술 1/4컵, 설탕 2스푼

*대체재료 코다리 ▶ 황태, 삼치

만들기

1 코다리는 포뜨기한다. **밑간양념**을 발라 10분간 재우고 앞뒤로 밀가루를 고루 뿌린다.

2 기름을 두른 팬에 코다리를 앞뒤로 노릇노릇하게 굽는다.

3 약한 불에서 **양념장**을 발라가며 다시 한번 굽고 먹기 좋은 크기로 썬다.

4 양파와 파프리카는 곱게 다져 올리브유로 버무리고 깻잎은 돌돌 말아 채 썬다.

5 양념한 코다리 위에 ④의 재료를 소복하게 올려 완성한다.

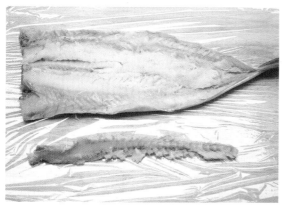

4

무침

—

좋은 요리는 좋은 재료에서 시작되죠.
재료 본연의 맛을 살리는 레시피를 소개합니다.
조물조물 무치기만 하면
완성되는 조리법이지만 미묘한 차이로 깊이가 달라집니다.
나만의 손맛을 발휘해 보세요!

1~2인분 | 조리시간 10분 | 난이도 ★ ☆ ☆

부추무침

고기랑 환상궁합!

재료   부추 1/3단, 양파 1/2개

양념   설탕 1½스푼, 고춧가루 4스푼, 식초 2스푼,
       간장 6스푼, 참깨 약간

만들기

1 부추는 5cm 길이로 썰고 양파는 채 썰어 물에 담가 놓는다.

2 설탕, 고춧가루, 식초, 간장을 고루 섞어 양념장을 만든다.

3 볼에 부추, 양파, 양념장을 넣고 고루 섞고 참깨를 뿌려 완성한다.

2~3인분 | 조리시간 10분 | 난이도 ★☆☆

오이무침

수분이 가득해 시원하고 아삭해요.

재료	양파 1/3개, 오이 2개, 소금 약간, 참깨 약간
양념장	설탕 1/3스푼, 고춧가루 1스푼, 다진 마늘 1/3스푼, 고추장 1/3스푼, 간장 1스푼, 식초 1스푼, 올리고당 1스푼 참기름 약간

만들기

1 양파는 채 썰고, 오이는 0.7cm 두께로 모양을 살려 썬다.

2 오이에 소금을 약간 뿌려 5분간 절인 뒤 물기를 뺀다.

3 **양념장**재료를 볼에 넣고 고루 섞는다.

4 볼에 오이, 양파, 양념장을 넣고 고루 섞은 뒤 그릇에 담고 참깨를 뿌려 완성한다.

오이지무침

꼬들하고 개운한 오이반찬

재료	오이지 5개, 홍고추 1개, 풋고추 1개, 쪽파 1대
양념장	다진 마늘 1스푼, 참기름 2스푼, 고추기름 1스푼, 굵은고춧가루 3스푼, 매실청 2스푼, 설탕 1스푼

만들기

1 오이지를 동글동글하게 썰어 물에 30분간 담가 짠맛을 뺀 뒤 면보로 물기를 꼭 짠다.

2 고추는 어슷 썰고, 쪽파는 송송 썬다.

3 볼에 준비한 재료들과 **양념장**을 넣고 무쳐 완성한다.

TIP

오이를 썰 때 얇게 썰어야 물기가 잘 빠져 식감이 좋다.

3인분 | 조리시간 25분 | 난이도 ★★☆

배추청국장무침

구수한 청국장과 배추의 만남

재료	배추 1/2통(=800g), 쪽파 2대, 홍고추 1개
양념장	만능청국장 4스푼, 참기름 3스푼, 참깨 약간, 후춧가루 약간

*대체재료 배추 ▶ 우거지, 얼갈이, 봄동

만들기

1 배추는 한 겹씩 떼어내고 지저분한 겉잎은 정리한다.

2 쪽파는 4–5cm로 썰고 홍고추는 채 썬다.

3 배추는 끓는 물에 소금을 넣고 1–2분 정도 살짝만 데친다. 줄기를 잡았을 때 부드럽게 휘어지면 불을 끄고 찬물에 충분히 식힌다.

4 배추를 (칼로 자르지 말고) 길게 찢고 물기를 꼭 짠다.

5 볼에 배추, **양념장**을 넣고 무쳐 완성한다. ⋯▶ 모자란 간은 소금으로 대신한다.

TIP

육수를 넣고 끓이면 배추된장국이 된다.

2인분(도라지 밑간 1시간) 조리시간 15분 난이도 ★☆☆

도라지무침

기관지 건강과 면역력 높이는 쌉싸름한 반찬

재료	도라지 5뿌리, 소금 1스푼, 식초 2스푼, 설탕 3스푼, 고운고춧가루 4스푼, 참깨 1스푼
양념장	소금 1/2스푼, 다진 마늘 1/2스푼, 유자청 1½스푼, 올리고당 3스푼, 참기름 2스푼

만들기

1 도라지는 손질 후 얇게 어슷 썬다. 쓴맛을 제거하기 위해 흐르는 물에 바락바락 씻어 체에 밭쳐 물기를 제거한다.

2 도라지에 소금, 식초, 설탕을 넣고 1시간 정도 재운 후 체에 밭쳐 물기를 제거한다.

3 도라지에 고운고춧가루를 넣고 물이 들도록 고루 섞는다.

4 볼에 도라지와 **양념장**을 넣고 무친 뒤 참깨를 뿌려 완성한다.

TIP

도라지 무칠 때 고운고춧가루를 넣고 바락바락 충분히 주물러야 시간이 지나도 붉은색이 선명하다.

*재료 고르는 법

국산 도라지는 길이가 짧고 잔뿌리가 많으며 중국산은 잔뿌리가 적고 곧게 뻗어 있다.

2~3인분 | 조리시간 10분 | 난이도 ★☆☆　　　2인분 | 조리시간 10분 | 난이도 ★☆☆

마늘종무침

입맛을 살려주는 아삭 매콤한

재료	마늘종 1/2줌, 대파 1/2대, 들깻가루 1스푼, 참깨 약간
양념장	고추장 1스푼, 양파효소 1스푼, 배효소 1스푼, 맛술 1스푼, 올리고당 2스푼, 고춧가루 3스푼, 소금 약간

*대체재료　마늘종 ▸ 삭힌고추장아찌, 아삭이고추
　　　　　　양파효소 ▸ 양파즙
　　　　　　배효소 ▸ 배즙

만들기

1 마늘종은 3~4cm 길이로 썰고, 대파는 송송 썬다. 끓는 물에 소금을 넣고 30초간 데친 뒤 찬물에 충분히 식힌다.

2 **양념장**에 대파를 버무린다.

3 볼에 마늘종과 들깻가루를 넣고 고루 버무린 뒤 ②를 넣고 무친다.

4 양념이 어우러지면 참깨를 뿌려 완성한다.

TIP

• 마늘종에 들깻가루를 버무리면 시간이 지나도 양념이 잘 벗겨지지 않는다.

• 마늘종의 알싸한 맛을 좋아한다면 소금, 식초물에 절인 뒤 무친다.

달래무침

톡 쏘는 향으로 원기회복에 좋은

재료	달래 100g, 오이 1/2개
양념장	고춧가루 1½스푼, 맛간장 3스푼, 식초 3스푼, 매실청 2스푼

*대체재료　달래 ▸ 영양부추, 냉이

만들기

1 달래는 뿌리 부분의 껍질을 벗기고 깨끗이 씻은 뒤 물기를 빼서 5~6cm로 썬다.

2 오이는 소금으로 문질러 씻고 반 갈라 얇게 어슷 썬다.

3 볼에 손질한 달래와 오이, **양념장**을 넣고 가볍게 버무려 완성한다.

아삭이고추청국장무침

비타민C가 풍부한 고추를 구수한 청국장과 함께

재료	아삭이고추 10개, 들깻가루 2스푼, 참깨 약간
양념장	만능청국장 3스푼, 레몬청 2스푼, 다진 마늘 1/2스푼, 올리고당 1스푼

*대체재료 들깻가루 ▶ 볶음 콩가루, 견과류(땅콩, 아몬드)가루
          아삭이고추 ▶ 꽈리고추, 마늘종

만들기

1 아삭이고추는 깨끗이 씻어 꼭지를 떼고 2~3cm 길이로 썬다.

2 볼에 들깻가루와 아삭이고추를 넣고 버무린다.

3 **양념장**에 아삭이고추를 버무린 뒤 참깨를 뿌려 완성한다.

TIP

아삭이고추에 들깻가루를 버무리면 시간이 지나도 양념이
잘 벗겨지지 않는다.

2인분 | 조리시간 15분 | 난이도 ★☆☆

구운새송이무침

고기 부럽지 않은 쫄깃쫄깃한 식감의 버섯무침

재료	새송이버섯 4개, 쪽파 1대, 홍고추 1/2개
양념장	소금 1/4스푼, 참기름 1스푼, 참깨 약간, 후춧가루 약간

*대체재료   새송이버섯 ▶ 가지

만들기

1 새송이버섯을 도톰하게 썰어서 기름을 살짝 둘러 굽는다.

2 쪽파는 송송 썰고, 홍고추는 채 썬다.

3 준비한 **재료**와 **양념장**을 넣고 조물조물 무쳐 완성한다.

TIP

새송이버섯을 그릴 팬에 구우면 모양이 좋다.

2인분 | 조리시간 15분 | 난이도 ★☆☆

구운가지무침

구워서 단맛을 높인 부드러운 가지무침

| 재료 | 가지 4개, 쪽파 1대, 색색 파프리카 1/4개 |
| 양념 | 소금 1/4스푼, 참기름 1스푼, 참깨 약간, 후춧가루 약간 |

*대체재료 가지 ▶ 애호박, 새송이버섯

만들기

1 가지는 꼭지 부분을 잘라내고 깨끗이 씻어 도톰하게 어슷
   썰어서 기름을 살짝 둘러 굽는다.

2 쪽파, 색색파프리카는 다진다.

3 준비한 **재료**와 **양념**을 넣고 조물조물 무쳐 완성한다.

TIP

취향에 따라 고춧가루를 넣어서 무쳐도 좋다.

2인분 | 조리시간 15분 | 난이도 ★☆☆

느타리버섯들깨무침

항산화 영양소가 풍부한

| 재료 | 느타리버섯 2줌, 쪽파 1대, 홍고추 1/2개, 들깻가루 2스푼 |
| 양념 | 소금 1/2스푼, 다진 마늘 1/2스푼, 들기름 1스푼, 설탕 1/3스푼, 멸치액젓 1/2스푼, 후춧가루 약간 |

*대체재료 느타리버섯 ▶ 팽이버섯(+영양부추), 만가닥버섯, 표고버섯

만들기

1 느타리버섯은 가닥가닥 찢어 찜기에 김이 오르면 3분 정도 찌고, 꼭 짜서 그릇에 식힌다.

2 쪽파는 송송 썰고, 홍고추는 다진다.

3 식힌 느타리에 **양념**을 넣고 조물조물 무친다.

4 느타리에 간이 배면 쪽파와 고추, 들깻가루를 넣고 무쳐 완성한다.

TIP

멸치액젓을 넣으면 감칠맛이 좋다.

2인분 | 조리시간 10분 | 난이도 ★☆☆

느타리버섯흑임자무침

흑임자로 더욱 건강하게 고소하게

| 재료 | 느타리버섯 2줌, 쪽파 1대(=30g), 홍고추 1/2개, 그린빈 6-8개 |
| 양념장 | 소금 1/5스푼, 다진 마늘 1/2스푼, 참기름 1스푼, 설탕 1/2스푼, 멸치액젓 1/2스푼, 후춧가루 약간, 흑임자 2스푼 |

*대체재료 느타리버섯 ▶ 팽이버섯, 만가닥버섯

만들기

1 느타리버섯은 가닥가닥 찢어 찜기에 김이 오르면 3분 정도 찌고, 꼭 짜서 그릇에 식힌다.

2 쪽파는 송송 썰고, 고추는 채 썬다. 그린빈은 고추 길이로 썬다.

3 식힌 느타리에 준비한 재료와 **양념장**을 넣고 조물조물 무쳐 완성한다.

TIP

느타리버섯은 찐 후에 물에 헹구지 않아야 맛과 영양소의 손실이 적다.

유채나물청국장무침

색다른 나물반찬

재료	불린 유채나물 300g, 양파 1/4개, 쪽파 2대, 홍고추 1/2개
양념장	만능청국장 3스푼, 참기름 2스푼, 참깨 약간
*대체재료	유채나물 ▶ 우거지, 취나물, 아주까리

만들기

1 건유채나물을 미지근한 물에 담가 1시간 이상 불린다.

2 양파는 채 썰고 쪽파는 송송 썰고, 고추는 어슷 썬다.

3 준비한 재료를 모두 섞어 **양념장**을 넣고 무쳐 완성한다.
   …▶ 모자란 간은 소금으로 대신한다.

TIP

유채나물은 미지근한 물에 불려야 부드럽다.

2~3인분 / 조리시간 15분(무말랭이 밑간시간 1시간) / 난이도 ★☆☆

2~3인분 | 조리시간 15분 | 난이도 ★☆☆

건파래무말랭이무침

촉촉한 파래와 아삭한 무말랭이의 조화

재료	무말랭이 200g, 건파래 1줌(=10g), 쪽파 2대, 고운고춧가루 2스푼, 참깨 약간
밑간양념	맛간장 1/2컵, 올리고당 1/2컵
양념장	고운고춧가루 1½스푼, 올리고당 1/2컵, 찹쌀풀 1스푼, 액젓 1/2스푼, 다진 마늘 1스푼, 다진 생강 1/2스푼, 참기름 3스푼

*대체재료   건파래 ▶ 고춧잎

만들기

1 무말랭이는 찬물에 비벼 씻은 뒤 따뜻한 물에 담가 부드럽게 불린 뒤 물기를 꼭 짠다.

2 불린 무말랭이에 **밑간양념**을 넣고 1시간 재워둔 뒤 체에 밭쳐 물기를 제거한다.

3 건파래는 한입 크기로 찢고 쪽파는 송송 썬다.

4 무말랭이를 고운고춧가루로 색이 들게 바락바락 주물러주고, **양념장**과 건파래를 넣고 버무린 뒤 참깨, 쪽파를 넣고 가볍게 버무려 완성한다.

TIP

무말랭이 무칠 때 고운고춧가루 넣고 바락바락 충분히 주물러야 시간이 지나도 붉은색이 선명하다.

간장파래무침

소박하지만 영양 만점인

재료	무 100g, 당근 1/3개, 양파 1/4개, 파래 120g, 참깨 약간
선택 재료	어슷 썬 홍고추 약간
양념장	조선간장 2스푼, 맛간장 2스푼, 양파효소 1스푼, 매실 1스푼, 맛술 1스푼, 다진 마늘 1/2스푼, 생강즙 1/2스푼

*대체재료   양파효소 ▶ 양파즙

만들기

1 무, 당근, 양파는 얇게 채 썬다.

2 파래에 소금을 넣고 주물러 깨끗이 씻어 여러 번 헹군다. 체에 밭쳐 물기를 빼고 먹기 좋게 썬다.

3 볼에 물기를 뺀 파래와 채소, **양념장**을 넣고 고루 무친 뒤 참깨를 뿌려 완성한다.

TIP

파래를 헹굴 때 손질한 채소도 같이 헹구면 파래와 채소가 잘 섞인다.

파래굴무침

바다향을 듬뿍 담은

재료	무 100g, 당근 1/3개, 양파 1/4개, 파래 120g, 굴 120-150g, 참깨 약간
선택 재료	어슷 썬 홍고추 약간
양념장	조선간장 1스푼, 맛간장 2스푼, 식초 3스푼, 맛술 1스푼, 다진 마늘 1스푼, 고춧가루 1스푼, 생강즙 1/2스푼

만들기

1 무, 당근, 양파는 얇게 채 썬다.

2 파래에 소금을 넣고 주물러 깨끗이 씻어 여러 번 헹군다. 체에 밭쳐 물기를 빼고 먹기 좋게 썬다.

3 굴은 소금물에 헹궈 체에 밭쳐 물기를 뺀다.

4 볼에 물기를 뺀 파래와 채소, 굴, **양념장**을 넣고 고루 무친 뒤 참깨를 뿌려 완성한다.

TIP

취향에 따라 고춧가루를 가감해도 좋다.

2인분 | 조리시간 15분 | 난이도 ★☆☆

2~3인분 | 조리시간 20분 | 난이도 ★☆☆

상큼톳무침

톡톡 터지는 상큼함

재료	톳 2줌(=250g), 색색 파프리카 1/2개, 양파 1/2개
양념장	파인애플효소 5스푼, 간장 ⅔컵, 맛술 1/2컵, 매실 1컵, 설탕 1/2스푼, 식초 4스푼, 다진 마늘 2스푼
선택 재료	다진 풋고추 1스푼

*대체재료 파인애플효소 ▶ 유자청

　　　　　톳 ▶ 물미역

만들기

1 톳을 부드럽게 데친 후 먹기 좋은 길이로 썬다.

2 파프리카는 다지고, 양파는 채 썬다.

3 볼에 톳과 **양념장**, 손질한 채소를 넣어 조물조물 무쳐 완성한다.

강황두부톳무침

건강, 고소함, 식감 다 넣은~

재료	톳 1줌, 두부 1/2모, 강황가루 약간, 들기름 1스푼, 소금 약간
밑간양념	다진 마늘 1스푼, 참기름 2스푼, 후춧가루 약간

*대체재료 톳 ▶ 시금치, 쑥갓

만들기

1 톳을 부드럽게 데친 후 먹기 좋은 길이로 썬 뒤 **밑간양념** 으로 조물조물 무쳐 10분간 밑간한다.

2 두부를 으깨서 면보에 꼭 짠다.

3 강황가루를 넣고 고루 섞은 뒤, 팬에 들기름, 소금을 넣고 으깬 두부를 볶아 쟁반에 펼쳐 식힌다.

4 밑간한 톳과 식힌 두부를 고루 섞어 완성한다.

TIP

두부를 볶으면 수분기가 사라져 고슬고슬해진다.

2인분 | 조리시간 10분(해감시간 3시간 이상) | 난이도 ★★☆

꼬막무침(+꼬막비빔밥)

줄서서 먹는 꼬막비빔밥의 비법을 살짝 공개

재료	새꼬막 500g, 부추 1줌, 매운 고추 3–4개, 소금 1스푼, 밥 1공기, 참기름 1스푼
양념장	설탕 1½스푼, 고춧가루 2스푼, 다진 마늘 1스푼,
	멸치액젓 1스푼, 간장 2스푼, 식초 1/2스푼,
	참기름 1/2스푼, 참깨 약간

만들기

1 꼬막은 해감한 뒤 흐르는 물에 씻는다.

2 부추, 고추는 송송 썬다.

3 끓는 물에 소금 1스푼을 넣고 꼬막을 2분 정도 삶는다.

4 꼬막이 입을 벌리면 속살을 분리해 체에 밭쳐 물기를 제거한다.

5 볼에 꼬막, 부추, 고추, **양념장** 2/3분량을 넣고 고루 버무려 완성한다.

⋯▶ 볼에 밥을 넣고 양념장 1/3분량과 참기름을 고루 버무려 꼬막비빔밥을
만들어 곁들인다.

2~3인분 | 조리시간 15분 | 난이도 ★☆☆

미역무침

미역의 변신! 새콤달콤한 무침

재료	건미역 1줌(=30g), 빨강 파프리카 1개, 양파 1/2개,
	오이 1/2개, 부추 1/2줌
양념장	간장 2/3컵, 맛술 1/2컵, 매실 1컵, 설탕 1/2스푼, 유자청 3스푼, 식초 4스푼,
	다진 마늘 2스푼, 굵은고춧가루 1스푼, 참기름 2스푼

*대체재료 미역 ▶ 톳

유자청 ▶ 레몬즙

만들기

1 건미역은 찬물에 담가 10분 이상 불린 후 물기를 제거하고 먹기 좋은 길이로 썬다.

2 파프리카는 가늘게 채 썰고, 양파는 채 썰어 찬물에 담가 매운맛을 제거한다. 오이는 반 갈라 어슷하게 썰고, 부추는 3~4cm로 썬다.

3 볼에 미역과 손질한 채소, **양념장**을 넣고 조물조물 무쳐 완성한다.

해파리냉채

냉채의 기본! 꼬들꼬들한 식감과 톡 쏘는 맛!

재료	해파리 250g, 칵테일, 새우 15-17마리(=65g), 사과 1/4개, 풋고추 1개, 빨강 파프리카 1/2개
단촛물	설탕 1스푼, 식초 1스푼
양념장	연겨자 1½스푼, 레몬청 2스푼, 식초 2스푼, 소금 약간

만들기

1. 해파리는 소금기가 없어질 때까지 뜨거운 물로 여러 번 헹군 뒤 **단촛물**에 20-30분간 담가둔다.

2. 새우는 껍질을 벗기고 손질 후 끓는 물에 데쳐 찬물에 헹군다.

3. 사과, 풋고추, 파프리카는 채 썰어 놓는다.

4. 해파리를 건져 물기를 빼고 손질해 놓은 재료와 **양념장**을 넣고 무쳐 완성한다.

TIP

해파리는 너무 오래 데치면 쪼그라들어 질겨지므로 뜨거운 물을 부어서 손질하는 것이 좋다.

2~3인분 | 조리시간 20분 | 난이도 ★☆☆

감말랭이무침

달콤하고 쫀득한 감말랭이 활용법

재료	무말랭이 200g, 감말랭이 150g, 참깨 약간
양념장1	찹쌀풀 3스푼, 맛간장 3스푼
양념장2	고추장 3스푼, 고춧가루 4스푼, 다진 마늘 2스푼, 매실 3스푼, 액젓 2스푼, 올리고당 3스푼, 양파효소 2스푼

*대체재료 양파효소 ▶ 양파즙

만들기

1 무말랭이는 물에 비벼 씻은 뒤 따뜻한 물에 담가 부드럽게 불린 뒤 물기를 꼭 짠다.

2 불린 무말랭이에 **양념장1**을 넣고 조물조물 무친다.

3 무말랭이와 감말랭이를 **양념장2**로 조물조물 무친 뒤 참깨를 뿌려 완성한다.

2~3인분 | 조리시간 10분 | 난이도 ★☆☆

흑임자청포묵무침

고소하게 호로록!

재료	청포묵 1모(=420g), 소금 약간, 쪽파 1대
양념장	흑임자 2스푼, 참기름 2스푼, 맛소금 1/2스푼, 후추 약간

만들기

1 청포묵은 0.3cm 폭으로 길쭉하게 채 썬다.

2 끓는 물에 소금을 넣고 묵을 데친다. 묵이 투명해지면 바로 건진 후 식힌다.

3 쪽파는 송송 썬다.

4 식힌 청포묵에 **양념장**, 쪽파를 넣고 무쳐 완성한다.

TIP

청포묵을 채 써는 게 어렵다면 냉장고에 하루 정도 넣었다가 채 칼로 밀면 편하다.

2~3인분 | 조리시간 15분 | 난이도 ★☆☆　　　　2~3인분 | 조리시간 20분 | 난이도 ★★☆

골뱅이도토리묵무침

소면을 곁들이면 더욱 맛있어요.

재료	깻잎 3장, 쑥갓 1/2줌, 치커리 1/2줌, 적채 50g, 어린잎 채소 1줌, 당근 1/4개, 오이 1/2개, 도토리묵 1모, 골뱅이 1캔(=230g)
양념장	맛간장 1/4컵, 고춧가루 1스푼, 참기름 2스푼, 참깨 약간
선택 재료	어슷 썬 홍고추 1개

만들기

1 깻잎, 쑥갓, 치커리는 한입 크기로 뜯고 적채는 채 썬다. 준비한 채소와 어린잎채소를 찬물에 헹군 뒤 체에 받쳐 물기를 뺀다.

2 당근과 오이는 반 갈라 어슷 썬다.

3 도토리묵은 3cm 크기로 도톰하게 썰고, 골뱅이는 한입 크기로 썬다.

4 준비한 재료들과 **양념장**을 넣고 고루 버무려 완성한다.

TIP

소면을 삶아 추가해도 좋다.

미나리꼬막무침

피로회복에 좋은 꼬막과 미나리의 만남

재료	꼬막 20~25개, 소금 1스푼, 양파 1/4개, 미나리 1/2줌, 홍고추 1개
양념장	파인애플 효소 1½스푼, 맛간장 2스푼, 다진 양파 1스푼, 고춧가루 1스푼, 식초 1스푼

*대체재료　파인애플효소 ▶ 통조림파인애플, 설탕 1/2스푼
　　　　　꼬막 ▶ 바지락, 오징어, 문어
　　　　　미나리 ▶ 부추

만들기

1 꼬막은 해감한 뒤 흐르는 물에 씻는다.

2 끓는 물에 소금을 넣고 꼬막을 2분 정도 삶는다. 꼬막이 입을 벌리면 속살을 분리해 체에 받쳐 물기를 제거한다.

3 양파는 얇게 채 썰어 찬물에 담가 매운맛을 제거한다.

4 미나리는 식초물에 10분 정도 담근 뒤 흐르는 물에 깨끗이 씻어 3~4cm로 썬다.

5 볼에 미나리와 양파, 꼬막, **양념장**을 넣고 고루 버무려 완성한다.

TIP

꼬막은 오래 삶으면 질기기 때문에 물이 끓으면 불을 끄고 잔열로 1~2분간 더 익힌다.

2인분 | 조리시간 20분 | 난이도 ★★☆

오징어미나리무침

새콤! 달콤! 매콤! 이 조합이면 입맛은 반드시 돌아옵니다.

재료	오징어 1마리, 미나리 1/2줌(=90g), 홍고추 1개, 매운 고추 1개, 양파 1/2개, 참깨 약간
양념장	고춧가루 2스푼, 고추장 1스푼, 설탕 1스푼, 다진 마늘 1스푼, 생강즙 1스푼, 식초 1스푼, 레몬청 2스푼

*대체재료   오징어 ▶ 주꾸미 / 미나리 ▶ 셀러리

만들기

1 오징어는 껍질을 제거하고 몸통 안쪽에 격자무늬로 칼집을 내준다.

2 끓는 물에 손질한 오징어를 넣고 데친 뒤 찬물에 헹궈 체에 밭친다. 먹기 좋은 크기로 썬다.

3 미나리는 식초물에 10분 정도 담근 뒤 흐르는 물에 깨끗이 씻는다. 잎 부분을 잘라내고 줄기 부분을 4~5cm 길이로 자른다.

4 고추는 어슷하게 썬다. 양파는 채 썰어 찬물에 담가 매운 맛을 제거한다.

5 오징어에 **양념장**과 준비한 채소를 넣고 무쳐 참깨를 뿌려 완성한다.

TIP 양념장은 미리 만들어 숙성시키고 먹기 직전에 무쳐 먹는 것이 좋다.

2인분 | 조리시간 25분 | 난이도 ★★☆

닭가슴살수삼냉채

수삼과 궁합이 좋은 닭고기로 건강냉채 만들어요.

재료　　닭가슴살 3쪽(=250g), 새우살 17-20마리(=75g), 수삼 1뿌리, 사과 1/4개,
　　　　배 1/4개, 설탕 적당량, 아삭이고추 1개, 빨강 파프리카 1/2개, 영양부추 1/2줌

양념장　연겨자 2스푼, 마요네즈 1스푼, 레몬청 2스푼, 식초 2스푼, 후춧가루 약간

*대체재료　수삼 ▸ 더덕

　　　　　레몬청 ▸ 매실청

만들기

1　닭가슴살은 끓는 물에 맛술을 넣고 삶아 익힌 뒤 한 김 식혀 결대로 찢는다.

2　새우는 끓는 물에 데쳐 찬물에 행군다.

3　수삼은 편 썰어 도톰하게 채 썰고 사과, 배는 먹기 좋은 크기로 편 썰어 설탕물
　에 담가 놓는다. 고추와 파프리카는 채 썬다. 영양부추는 3-4cm 길이로 썬다.

4　볼에 준비한 재료들과 **양념장**을 넣고 무쳐 완성한다.

TIP

닭가슴살을 삶을 때 맛술을 넣고 삶으면 비린내를 없애준다.

*재료 고르는 법

수삼은 몸통이 단단하고 잔뿌리가 많은 것을 고른다.

육회

초간단 비법양념으로 쉽게 만드는~

재료	소고기 육회용 300g, 설탕 2스푼, 오이 1/2개
양념장	맛간장 2스푼, 소금 1/4스푼, 다진 파 1스푼, 다진 마늘 1스푼, 참기름 3스푼, 참깨 약간, 후춧가루 약간

만들기

1 소고기는 키친타월로 핏물을 제거한 뒤 설탕 2스푼을 넣고 밑간한다.

2 오이는 깨끗이 씻어 어슷하게 썬다.

3 볼에 밑간한 소고기와 **양념장**을 넣고 조물조물 무친다.

4 어슷하게 썬 오이를 접시에 펼쳐 담고 육회를 예쁘게 담아 완성한다.

TIP

• 고기 밑간할 때 설탕을 넣으면 부드러운 상태를 유지시켜준다.

• 담백하게 먹고 싶을 땐 오이, 달콤하고 시원하게 먹고 싶을 땐 배를 사용하면 좋다.

홍어무침

오독오독 씹히는 맛이 일품

재료	홍어 300g, 오이 1/3개, 무 50g, 당근 1/3개, 소금 2스푼, 설탕 2스푼, 미나리 3대
밑간양념	막걸리 1컵, 식초 1/2컵, 맛간장 1/3컵
양념장	고춧가루 2/3컵, 청양고춧가루 1/3컵, 고추장 2스푼, 다진 마늘 2스푼, 배효소 2스푼, 파인애플효소 2스푼, 찹쌀풀 2스푼, 2배 식초 1/3컵, 올리고당 1/3컵, 소금 1스푼
*대체재료	파인애플효소 ▶ 통조림파인애플, 설탕 1/2스푼 배효소 ▶ 배음료

만들기

1 손질된 홍어는 **밑간양념**을 넣고 1시간 정도 재운 뒤 체에 밭쳐 물기를 뺀다.

2 오이와 무, 당근은 5cm로 토막 내 1cm 두께로 썬 뒤 소금과 설탕에 넣고 30~40분간 재운 뒤 물에 헹구어 면보에 꼭 짠다. 미나리는 잎을 떼고 줄기 부분만 5cm 길이로 썬다.

3 볼에 홍어와 채소, **양념장**을 넣고 버무려 완성한다.

TIP

• 오래 보관해서 먹을 때는 미나리는 색이 변질되기 쉬우므로 빼는 것이 좋다.

• 홍어를 막걸리에 밑간하면 막걸리의 독특한 풍미가 홍어의 잡냄새를 제거하며 뼈 채 먹을 수 있도록 부드럽게 해준다.

2인분 / 조리시간 25분 / 난이도 ★★☆

묵말랭이잡채

고소하고 쫀득한 이색 잡채요리

재료	건 묵 200g, 색색 파프리카 1/4개씩, 양파 1/2개, 부추 1/2줌, 건표고버섯 3–5개, 참깨 약간
밑간	간장 2스푼, 참기름 1스푼, 다진 마늘 1스푼, 후춧가루 약간
표고밑간	간장 1/2스푼, 참기름 1/2스푼, 후춧가루 약간
양념장	만능요리간장 1/2컵, 참기름 3스푼, 후춧가루 약간

만들기

1 건 묵은 미지근한 불에 불린 후 15분간 끓인다. 체에 밭쳐 물기를 뺀 뒤 **밑간**한다.

2 파프리카, 양파는 채 썰고, 부추는 3–4cm로 썬다. 건표고 버섯은 미지근한 물에 불려 꼭 짠 뒤 **밑간**한다.

3 손질한 채소는 기름을 두른 팬에 각각 볶아 낸다.

4 큼직한 볼에 묵말랭이, 채소와 **양념장**을 넣고 고루 버무려 참깨를 뿌려 완성한다.

TIP

• 묵말랭이를 끓이면 불리는 시간이 절약된다.

• 묵말랭이는 끓인 뒤 물에 씻으면 딱딱해질 수 있다.

3인분 | 조리시간 20분 | 난이도 ★★☆

더덕무침

더덕향이 은은하게 나는 건강한 반찬

재료　　깐 더덕 15뿌리(=200g), 대파 1/2대, 쪽파 3대, 참깨 약간

밑간양념　참기름 3스푼, 소금 약간, 후춧가루 약간

양념장　　만능고추장 6스푼, 올리고당 2스푼

*대체재료　더덕 ▶ 도라지

만들기

1 더덕은 깨끗이 손질 후 두꺼운 것은 반 자르고 방망이로 두드려준다.

2 손질한 더덕에 **밑간양념**을 넣고 무쳐 간이 배도록 10분간 둔다.

3 대파는 반갈라 어슷 썰고, 쪽파는 3-4cm 길이로 썬다.

4 밑간한 더덕에 **양념장**과 대파, 쪽파를 넣고 조물조물 무친 후 참깨를 뿌려 완성한다.

TIP

• 깨끗이 씻은 더덕 껍질은 물기 없이 바싹 말려서 끓여 먹으면 좋다.

• 조리하고 남은 더덕은 젖은 신문지에 싸서 냉장보관한다.

*재료 고르는 법

더덕은 주름이 깊지 않고 잔뿌리가 적으면서 적당한 크기가 좋다.

2~3인분 / 조리시간 20분 / 난이도 ★☆☆

시금치더덕무침

입맛 돋우는 맛과 향

재료	시금치 3줌(=250g), 소금 1/2스푼, 더덕 2뿌리, 대파 흰 부분 1/2대, 홍고추 1/2개
양념장	만능고추장 3스푼, 고춧가루 1스푼, 참기름 3스푼, 참깨 1스푼

*대체재료 더덕 ▶ 도라지, 대파 흰부분

만들기

1 시금치는 뿌리 쪽을 잘라 다듬어서 깨끗이 씻는다.

2 끓는 물에 소금을 넣고 시금치를 15초 정도 살짝만 데친 뒤 바로 찬물에 충분히 헹군 뒤 물기를 꼭 짠다.

3 더덕은 두들겨 채 썰고, 대파 흰 부분과 고추는 채 썬다.

4 시금치에 ③의 재료와 **양념장**을 넣고 살살 버무려 완성한다.

TIP

시금치는 15초 정도 짧게 데친 뒤 찬물에 충분히 헹궈야 식감이 좋다.

국·찜·탕·찌개·전골

밥, 국, 김치, 장은 한식을 구성하는 기본입니다.

반찬이 아니라 식탁의 주연 배우라는 것이죠.

국물의 양과 구성의 변주로 다양한 요리가 가능합니다.

기본부터 응용까지 솜씨를 보여주세요.

3인분 | 조리시간 30~35분 | 난이도 ★★☆

알탕

시원한 바다의 내음을 느낄 수 있는 맛

재료	곤이, 이리 450g, 대파 1대, 홍고추 1개, 양파 1/3개, 무 1/6개, 애호박 1/5개, 표고버섯 2개, 다시팩 1봉(251페이지 참고), 콩나물 1/2줌, 소금 약간, 팽이버섯 1/2줌, 쑥갓 약간
양념	고춧가루 1스푼, 된장 1/2스푼, 새우젓 1/3스푼, 참치액 1스푼
선택 재료	매운 고추 1개

만들기

1 곤이, 이리는 깨끗이 씻어 볼에 넣고 청주 2스푼을 넣어 뒤적여 10분 정도 재어 둔다.

2 대파, 고추는 어슷 썰고, 양파는 굵게 채 썬다. 무는 나박 썰고 애호박은 반달 모 양으로 썰고 표고버섯은 칼집을 넣어 모양을 낸다.

3 냄비에 물 7~8컵, 다시팩 무를 넣고 중불에 10분간 끓인 뒤 다시팩을 건져낸다.

4 콩나물, 곤이, 양파, **양념**을 넣고 8분간 끓인다. ┈→ 중간중간 떠오르는 거품은 제 거한다.

5 이리, 대파, 표고버섯, 애호박, 고추를 넣고 8분간 더 끓인 뒤 소금으로 간해 쑥 갓, 팽이버섯을 올려 완성한다.

육개장

얼큰하고 푸짐한 육개장

재료   소고기 양지 150g, 대파 2대, 삶은(불린) 고사리 2줌, 숙주 2줌, 참기름 약간,
       달걀 1개 ···▶ 달걀은 미리 풀어 준비한다.

양념   고춧가루 2스푼, 다진 마늘 1스푼, 국간장 3스푼, 후춧가루 약간, 소금 약간

만들기

1 냄비에 소고기, 물을 넉넉히 넣고 40분 이상 끓여 고기를 건져내고 육수는 따로
둔다.

2 삶은 고기는 먹기 좋게 찢는다.

3 대파는 반 갈라 5cm 길이로 썰고 고사리는 깨끗이 씻어 물기를 쭉 짜고 5cm 길
이로 썰고 숙주는 깨끗이 씻어 체에 밭친다.

4 중간 불로 달군 냄비에 기름을 둘러 대파를 넣고 볶다가 향이 올라오면 고사리
를 넣고 볶는다.

5 참기름, 고춧가루를 넣고 숙주를 넣어 2분간 볶다가 육수를 붓고 소고기를 넣어
끓인다.

6 국물이 끓어오르면 다진 마늘, 국간장을 넣어 끓이다가 소금, 후춧가루로 간
한다.

7 달걀물을 두른 뒤 불을 꺼 완성한다.

순두부찌개

얼큰하고 부드럽게 후루룩 넘어가요.

| 재료 | 대파 1대, 홍고추 1개, 고추기름 1스푼, 다진 소고기 100g, 멸치육수 2컵, |

재료   대파 1대, 홍고추 1개, 고추기름 1스푼, 다진 소고기 100g, 멸치육수 2컵,
          순두부 1봉(=400g), 고춧가루 1/2스푼, 달걀 2개

양념   다진 마늘 1스푼, 맛간장 1스푼, 소금 약간

만들기

1   대파, 고추는 어슷썰기한다.

2   중간 불로 달군 팬에 고추기름을 둘러 다진 마늘을 넣고 볶다가 향이 올라오면
    소고기를 넣고 맛간장을 넣고 살짝 볶는다.

3   멸치육수를 조금씩 부어가며 볶다가 소고기가 익으면 순두부를 넣고 나머지 멸
    치육수를 부어 끓인다.

4   소금, 고춧가루를 넣은 뒤 달걀을 깨 얹고 대파와 고추를 올려 한소끔 더 끓여
    완성한다.

TIP

고추기름을 넣으면 풍미가 더 좋다.

⋯ 초간단 고추기름 만드는 방법 : 내열용기에 고춧가루 2스푼, 마늘 2개, 기름 1컵
을 붓고 랩으로 씌운 뒤 전자레인지에 2–3분간 돌리면 완성.

Chapter 5 국·찜·탕·찌개·전골 **147**

1인분 | 조리시간 20분 | 난이도 ★☆☆

어묵탕

이렇게 끓이면 초간단 어묵탕 완성!

재료　사각어묵 2장, 무 1/5개, 매운 고추 1개, 다시팩 1개,
　　　다진 마늘 1/2스푼(다시팩은 251페이지 참고.)
양념　국간장 1스푼, 참치액 1스푼

만들기

1 어묵은 먹기 좋게 썰고 무는 나박썰기하고 고추는 송송
　썬다.

2 물 6~7컵에 다시팩, 무를 넣고 15분간 끓인 뒤 다시팩을
　건져낸다.

3 어묵, 다진 마늘, 국간장, 참치액을 넣고 3분간 끓인 뒤
　고추를 넣고 불을 끄고 완성.

1-2인분 | 조리시간 20분 | 난이도 ★☆☆

김치참치찌개

참치통조림과 김치로 만드는 황금레시피

재료	대파 1대, 양파 1/3개, 김치 2컵, 들기름 약간, 멸치육수 4~5컵, 통조림 참치 1캔(=100g)
양념	설탕 1/2스푼, 고춧가루 2스푼, 소금 약간, 후춧가루 약간
선택 재료	매운 고추 1개

만들기

1 대파는 어슷썰고 양파, 고추는 채 썰고 김치는 먹기 좋게 썬다.

2 중간 불로 달군 팬에 들기름을 둘러 대파 1/2분량, 양파, 김치, 설탕, 고춧가루를 넣고 양파가 투명할 때까지 볶는다.

3 멸치육수를 4~5컵 넣고 5분간 끓인다.

4 통조림 참치를 (기름까지) 넣고 나머지 대파, 고추를 넣고 1분간 끓인 뒤 소금, 후춧가루로 간해 완성한다.

부대찌개(존스탕)

동두천 맛집 부럽지 않은 부대찌개

재료   양배추 1/4개, 대파 1대, 홍고추 1개, 매운 고추 1개, 감자 1개, 양파 1/2개,
       통조림 햄 1/2캔(=약 170g), 비엔나소시지 5개, 다진 마늘 1스푼, 체다치즈 1장

양념   고춧가루 2½ 스푼, 버터 1스푼, 소금 약간, 후춧가루 약간

선택재료   베이크드 빈 100g

만들기

1 양배추는 채 썰고, 대파 흰 부분과 고추는 어슷썰고, 대파 줄기 부분은 길게 채 썰고, 감자, 양파, 통조림 햄, 비엔나소시지는 먹기 좋게 썬다.

2 중간 불로 달군 팬에 기름을 둘러 다진 마늘, 대파(흰부분)을 넣고 볶아 향이 올라오면 고춧가루를 넣고 볶다가 양파, 양배추를 넣고 볶는다.

3 양파가 반투명해지면 감자, 버터를 넣고 볶다가 햄, 소시지, 베이크드빈, 물 3컵, 고추를 넣고 보글보글 끓인다.

4 소금, 후춧가루를 뿌려 간한 뒤 파채, 치즈를 올려 완성한다.

TIP

베이크드 빈을 넣으면 더욱 풍미가 좋다.

3인분 | 조리시간 15분 | 난이도 ★☆☆

햄짜글이찌개

밥에 비벼먹다 보면 두 그릇 뚝딱

재료	감자 1/2개, 양파 1/4개, 애호박 1/4개,
	통조림햄 1/2캔(=160g), 대파 1/4대, 매운 고추 2개
양념장	고추장 1스푼, 된장 1/2스푼, 고춧가루 2스푼,
	맛간장 2스푼, 맛술 1스푼, 다진 마늘 1스푼,
	육수 1⅓컵, 후춧가루 약간
*대체재료	통조림햄 ▶ 통조림 참치 1캔(=100g)
	육수 ▶ 생수

만들기

1 감자와 양파, 애호박, 통조림햄을 굵게 다지고 대파와 고추는 송송 썬다.

2 팬에 기름, 대파1/2분량을 넣고 볶아 향이 올라오면 감자를 먼저 볶다가 양파, 애호박, 통조림햄을 넣고 볶는다.

3 채소가 어느 정도 익으면 **양념장**을 넣고 고루 섞어 중불에서 끓인다.

4 국물이 줄어들면 고추, 나머지 대파를 넣고 자박하게 한소끔 더 끓여 감자가 익으면 완성.

달걀찜

보들보들 뜨끈하게 한 입

재료	달걀 3개
양념	소금 약간, 맛술 1스푼, 새우젓 1/2스푼, 다진 마늘 1/2스푼, 후춧가루 약간, 다시팩 1개(다시팩은 251페이지 참고)
선택 재료	고춧가루 1/3스푼 ⋯ 새우젓이 없으면 소금을 사용하면 된다.

만들기

1 달걀은 소금을 넣고 곱게 푼다.

2 맛술, 새우젓, 다진 마늘, 후춧가루를 넣고 섞는다.

3 뚝배기에 물 1½컵과 다시팩을 넣고 중간 불에서 7분간 끓인 뒤 건져낸다.

4 달걀물을 부어 저어가며 끓인다.

5 달걀이 반 정도 익으면 고춧가루를 뿌린다.

6 뚜껑을 덮고 약한 불로 줄여 달걀이 다 익으면 완성.

시래기바지락된장국

바지락 듬뿍 구수한 영양만점 된장국

재료	불린시래기 150g, 바지락 10–15개, 대파 1/2대, 홍고추 1/2개, 매운 고추 1/2개, 국물멸치 1/2컵(=25g), 물 6–7컵
밑간양념	국간장 1스푼, 맛간장 1스푼, 된장 1스푼, 다진 마늘 1스푼, 들기름 1스푼

*대체재료   시래기 ▶ 배추

만들기

1 불린 시래기는 물기를 짜고 먹기 좋은 길이로 썰어 **밑간양념**을 넣고 조물조물 무친다.

2 바지락은 해감한 뒤 소금을 넣고 빡빡 닦은 뒤 흐르는 물에 씻는다.

3 대파와 고추는 어슷썰고 국물멸치는 머리를 떼고 내장을 제거한다.

4 냄비에 물과 밑간한 시래기, 멸치를 넣고 뚜껑을 닫은 뒤 푹 끓인다.

5 시래기가 부드러워지면 바지락과 손질한 채소를 넣고 한 소끔 더 끓여 완성한다.

TIP

불린 시래기는 밑간해서 국을 끓이면 감칠맛이 더 우러난다.

배추된장국

고소하고 시원한 국물이 정말 맛있어요.

재료	다시팩 1개(251페이지 참고.), 대파 1대, 표고버섯 2~3개, 배추 8~10장, 두부 1/2모
양념	된장 2스푼, 고춧가루 1/4스푼, 다진 마늘 1스푼, 국간장 1스푼, 맛술 1스푼, 소금 약간
선택 재료	홍고추 1개, 배운 고추 1개

만들기

1 냄비에 물 7~8컵을 넣고 다시팩을 넣어 10~15분간 끓인 뒤 건져낸다.

2 대파, 고추는 어슷 썰고 버섯은 납작 썰고 배추, 두부는 한입 크기로 썬다.

3 육수에 된장을 풀고 배추, 버섯을 넣는다.

4 고춧가루, 다진 마늘, 국간장, 맛술을 넣고 끓인다.

5 고추, 두부를 넣고 2분간 더 끓여 소금으로 간해 완성한다.

된장찌개

한국인이라면 좋아할 맛

재료	두부 1/2모(=150g), 양파 1/3개, 무 1/6개(=100g), 애호박 1/3개, 감자 1/3개, 느타리버섯 1/2줌, 매운 고추 1개, 대파 1/2대, 육수 4컵
양념	된장 2스푼, 다진 마늘 1/2스푼, 표고가루 1스푼, 새우가루 1/2스푼, 고춧가루 1스푼

만들기

1 두부와 양파는 한입 크기로 깍둑 썰고 무와 애호박, 감자는 4등분한 후 0.5cm 두께로 썰고 느타리버섯은 가닥가닥 찢는다. 고추, 대파는 어슷하게 썬다.

2 냄비에 육수를 붓고 **양념**을 푼 다음 감자와 무를 넣고 중불로 5분간 끓인다.

3 재료가 반쯤 익으면 나머지 재료를 넣고 애호박이 익을 때까지 끓여 완성한다.

TIP

• 바지락이나 차돌박이, 냉이, 달래 등을 추가해도 좋다.

• 바지락이나 차돌박이를 넣을 땐 쌈장 1/2스푼을 추가한다.

2~3인분 | 조리시간 20분 | 난이도 ★★☆   2~3인분 | 조리시간 30분(서리태 불리는 시간 3시간) | 난이도 ★★☆

청국장찌개

진하게 구수한 고향의 맛

재료	두부 1/2모(=150g), 양파 1/3개, 무 100g, 애호박 1/3개, 감자 1/3개, 느타리버섯 1/2줌, 매운 고추 1개, 대파 1/2대, 육수 5컵
양념	청국장 150g, 된장 1스푼, 표고가루 1/2스푼, 새우가루 1/2스푼, 다진 마늘 1스푼, 고춧가루 1스푼

만들기

1 두부, 양파는 한입 크기로 깍둑 썰고 무와 애호박, 감자는 4등분한 후 0.5cm 두께로 썰고 느타리버섯은 먹기 좋게 찢고 고추, 대파는 어슷하게 썬다.

2 냄비에 육수를 붓고 **양념**을 푼 다음 감자와 무를 넣고 중불로 5분간 끓인다.

3 재료가 반쯤 익으면 나머지 재료를 넣고 애호박이 익을 때까지 푹 끓여 완성한다.

TIP

• 신김치를 추가해도 좋다.

• 된장에 따라 간이 다르기 때문에 입맛에 맞춰 된장은 가감한다.

검정콩비지찌개

단백질과 영양이 가득

재료	서리태 1컵, 김치 80~100g, 오겹살 120g(원하는 부위 사용 가능), 육수 1½컵, 다진 대파 3스푼, 들기름 2스푼
양념장	들기름 3스푼, 다진 마늘 1스푼, 생강즙 1스푼, 새우젓 약간

＊대세재료   서리태 ▶ 메주콩

만들기

1 서리태는 깨끗이 씻어 3~4시간 정도 불렸다가 물을 넉넉히 붓고 삶는다.

2 삶은 서리태는 물과 함께 믹서에 갈아 준다.

3 김치와 돼지고기는 한입 크기로 썬다.

4 팬에 **양념장**과 돼지고기를 넣고 달달 볶다가 어느 정도 익으면 김치를 넣고 볶은 뒤 육수와 비지를 넣고 끓인다.

5 푹 끓으면 다진 대파와 들기름을 고루 섞어 완성한다.

TIP

생콩을 사용할 땐 콩을 삶아서 갈아주고, 끓일 때 충분히 끓여야 비릿함이 사라진다.

2~3인분 | 조리시간 20분 | 난이도 ★★☆

돼지고기김치찌개

밥 2공기는 거뜬히 먹을 수 있어요.

재료　돼지고기 오겹살 200g(원하는 부위 사용 가능),
　　　김치 1/4포기, 양파 1/2개, 대파 1/2대, 매운 고추 2개,
　　　다진 마늘 1스푼, 육수 3~4컵

양념장　김치국물 1/2컵 고춧가루 2스푼, 다진 마늘 1스푼,
　　　설탕 1/2스푼, 후춧가루 약간, 참치액 1스푼

*대체재료　돼지고기 ▶ 통조림 참치 1캔(=100g), 꽁치통조림

만들기

1　돼지고기와 김치는 한입 크기로 썬다.

2　양파는 채 썰고, 대파와 고추는 어슷 썬다.

3　팬에 기름, 다진 마늘을 넣고 볶아 마늘향이 올라오면 돼
　지고기를 볶다가 고기가 어느 정도 익으면 김치, 양파,
　양념장을 넣고 볶는다.

4　육수를 부어 센불로 끓이다 중불로 줄여 푹 끓인다.

5　대파와 고추를 넣고 한소끔 끓여 완성한다.

TIP

묵은지를 사용할 땐 설탕을 추가해 신맛을 중화시켜도 좋다.

2~3인분 | 조리시간 25~30분 | 난이도 ★☆☆

돼지고기묵은지찜

푹 끓일수록 더욱 맛있어요~

재료   양파 1개, 대파 1대, 돼지고기 통삼겹살 1근(=600g),
묵은지 1/4포기, 멸치육수 3컵

양념   설탕 1스푼, 고춧가루 2스푼, 참치액 1스푼, 맛술 1/4컵,
참기름 약간

만들기

1 양파는 큼직하게 썰고 대파는 4cm 길이로 썬다.

2 돼지고기는 핏물을 뺀 뒤 큼직하게 썬다.

3 냄비에 김치, 돼지고기를 사이사이 쌓는다.

4 **양념**을 넣고 멸치육수 2컵을 붓고 센불에 끓어오르면 중
약 불로 끓인다.

5 자작해지면 남은 멸치육수를 부어가며 푹 익혀 완성한다.

3인분 | 조리시간 25~30분 | 난이도 ★☆☆

소고기뭇국

달큰하고 시원한 무와 소고기의 감칠맛에 반했어요.

재료	소고기 양지 400g, 대파 1대(흰부분), 무 1/3개
양념	들기름 1스푼, 다진 마늘 1/2스푼, 국간장 1/2스푼, 소금 적당량
선택 재료	참치액 1스푼

만들기

1 소고기는 찬물에 10분간 담가 핏물을 뺀 뒤 키친타월로 물기를 제거한다.

2 대파는 어슷썰고 무는 나박썰고 소고기는 한입 크기로 썬다.

3 중간 불로 달군 냄비에 들기름을 넣고 다진 마늘, 소고기, 국간장 1/2스푼을 넣고 볶는다.

4 고기 겉면이 익으면 무를 넣고 1분간 볶다가 물 7컵을 넣고 끓인다. ⋯➝ 이때 지저분한 거품은 걷어낸다.

5 무가 익으면 대파를 넣어 한소끔 끓여 소금으로 간해 완성한다.

소고기김치찌개

고급진 김치찌개 맛에 반했어요.

재료	다시팩 1봉(251페이지 참고), 대파 1대, 소고기 양지 200g, 김치 1/3포기
양념	들기름 1스푼, 후춧가루 약간, 다진 마늘 1/2스푼, 고춧가루 1스푼, 국간장 1/3스푼, 소금 약간
선택 재료	참치액 1스푼

만들기

1 냄비에 물 8컵, 다시팩을 넣고 10분간 끓여 건져낸다.

2 대파는 송송 썰고 소고기, 김치는 한입 크기로 썬다.

3 냄비에 들기름을 둘러 소고기를 넣고 후춧가루를 뿌려 볶는다.

4 고기 겉면이 익으면 김치, 다진 마늘, 고춧가루를 넣고 볶는다.

5 육수를 붓고 국간장, 참치액, 소금으로 간해 한소끔 끓여 완성한다.

TIP

소고기는 차돌박이, 우둔살 등 다른 부위를 사용해도 좋다.

3~4인분 | 조리시간 30분 | 난이도 ★☆☆

황태미역국

이제는 맛있게 해장하세요.

재료	건미역 20g, 황태채 1줌(=40g), 쌀뜨물 2컵, 풋고추 1개, 홍고추 1개, 육수 6~7컵
양념	들기름 2큰술, 다진 마늘 1스푼, 국간장 2큰술, 소금 약간

*대체재료 황태 ▶ 닭가슴살, 소고기

만들기

1 건미역은 잠길 만큼 물을 붓고 20분간 불린 뒤 주물러 씻고 여러 번 헹군 뒤 먹기 좋은 크기로 썬다.

2 황태채는 쌀뜨물에 가볍게 씻어 물기를 꼭 짠다.

3 고추는 어슷 썬다.

4 달군 냄비에 황태채와 들기름, 다진 마늘을 넣고 볶다가 미역과 들기름, 국간장을 넣고 다시 달달 볶는다.

5 육수를 붓고 뽀얀 국물이 나오면 고추를 넣고 끓인 뒤 소금으로 간을 맞춰 완성한다.

바지락미역국

바지락이 들어가서 시원하고 깊은 맛이 나요.

재료   바지락 10–12개, 미역 20g, 매운 고추 1개, 풋고추 1개,
       육수 6–7컵(251페이지 참고)

양념   들기름 2큰술, 다진 마늘 1스푼, 국간장 2큰술, 소금 약간

*대체재료   바지락 ▶ 굴, 홍합

만들기

1 바지락은 소금물에 3시간 이상 담가 해감한 뒤 물에 깨끗
   이 씻는다.

2 미역은 물을 넉넉히 붓고 20분간 불린 뒤 바락바락 주물
   러 씻고 여러 번 헹군 뒤 먹기 좋은 크기로 썬다.

3 고추는 어슷 썬다.

4 중간 불로 달군 냄비에 들기름을 둘러 다진 마늘을 넣고
   마늘향이 올라오면 미역, 국간장을 넣고 볶다가 육수를
   조금씩 부어가며 끓인다.

5 뽀얗게 국물이 나오면 바지락과 고추, 육수를 더 붓고 끓
   여 소금으로 간해 완성한다.

*재료 고르는 법

바지락의 제철은 2월–4월이며 한 여름철을 제외한 다른 계
절에 먹는 것이 좋고, 껍질이 깨지지 않고 윤기가 있는 것이
좋다.

들깨감잣국

구수하고 담백한 국물

재료	감자 1½개, 양파 1/2개, 대파 1대, 다시팩 1개, 들깻가루 2–3스푼(다시팩 만드는 법 251페이지 참고.)
양념	다진 마늘 1스푼, 새우젓 1스푼, 소금 약간, 후춧가루 약간
선택 재료	매운 고추 1개, 참치액 약간

만들기

1 감자는 모양을 살려 0.5cm 두께로 썰고 양파는 채 썰고
  고추, 대파는 어슷썬다.

2 물 6–7컵에 다시팩을 넣고 15분간 끓인 뒤 다시팩을
  건져낸다.

3 감자, 양파, **양념**을 넣고 끓어오르면 10분간 끓인다

4 고추, 대파를 넣고 5분간 더 끓이고 참치액으로 간한 뒤
  들깻가루를 넣어 완성한다.

모둠버섯전골

담백하면서 버섯의 식감이 매력적인 전골

재료	느타리버섯 1/2줌, 만가닥버섯 1/2줌, 양송이버섯 2개, 표고버섯 2개, 노루궁뎅이버섯 1개, 숙주 1/2줌, 쑥갓 1/2줌, 청경채 1/2줌, 애호박 1/3개, 당근 1/3개, 양파 1/2개, 대파 1/2대
육수	가다랑어포 1컵, 양파 1/4개, 대파 1/2대, 무 1/5개, 표고 3개, 물 5컵 ⋯ 15분 정도 끓여 체에 걸러 준비한다.
양념장	맛간장 2스푼, 식초 1스푼, 겨자 1스푼

만들기

1 느타리버섯과 만가닥버섯은 결대로 찢고 양송이버섯은 모양을 살려 도톰하게 썬다. 노루궁뎅이버섯과 표고버섯은 썰지 않고 통으로 준비한다.

2 숙주, 쑥갓, 청경채는 흐르는 물에 씻고 애호박과 당근은 2×4cm로 편 썬다. 양파는 채 썰고 대파는 4-5cm 길이로 썬다.

3 전골냄비에 버섯과 준비한 채소들을 보기 좋게 돌려 담은 뒤 **육수**를 부어 끓인다. 한소끔 끓이고 불을 줄여 은근하게 끓인다.

4 **양념장**을 곁들여 완성한다.

TIP

매콤하게 먹고 싶으면 만능고추장(250페이지 참고)을 추가한다.

3인분 | 조리시간 30분 | 난이도 ★★☆

오징어뭇국

칼칼하고 시원한 국물 황금 레시피

재료	두부 1/2모(=150g), 무 1/6개(=100g), 대파 1/2대, 매운 고추 1개, 쑥갓 약간, 오징어 1마리, 육수 6~7컵
양념장	고추장 1스푼, 고춧가루 2스푼, 다진 마늘 1스푼, 생강즙 1/2스푼, 소금 약간

*대체재료 무 ▶ 감자, 애호박

만들기

1 두부는 납작하게 한입 크기로 썰고 무는 나박 썬다. 대파, 고추는 어슷 썰고 쑥갓은 먹기 좋게 찢는다.

2 오징어 몸통은 반 갈라 한입 크기로 썰고 다리는 4~5cm 길이로 썬다.

3 냄비에 육수를 붓고 무와 **양념장**을 넣어 한소끔 끓인 뒤 중불로 줄여 무가 익을 때까지 끓인다.

4 무가 익으면 오징어, 두부, 고추, 대파를 넣고 오징어가 익을 때까지 끓인다. 마지막에 쑥갓을 올려 완성한다.

2~3인분 | 조리시간 20분 | 난이도 ★☆☆2~3인분 | 조리시간 15~20분 | 난이도 ★☆☆

홍합탕

뜨끈한 국물요리하면 빠질 수 없죠.

| 재료 | 홍합 1kg, 무 1/4개, 대파 1대, 매운 고추 1개, 홍고추 1개, 다시팩 1봉지(251페이지 참고), 맛술 1스푼 |
| 선택 재료 | 참치액 1스푼 |

만들기

1 홍합은 수염을 제거하고 흐르는 물에 껍질을 깨끗하게 씻는다.

2 무는 나박썰고, 대파, 고추는 어슷 썬다.

3 냄비에 홍합을 넣고 잠길 정도로 물을 부은 뒤 무, 다시팩을 넣고 10분간 끓인 뒤 다시팩을 건져낸다.

4 보글보글 끓는 홍합탕에 맛술을 넣고 3분간 더 끓인다.

5 대파, 매운 고추, 홍고추, 참치액을 넣고 한소끔 더 끓여 완성한다.

토마토홍합찜

토마토의 새콤한 감칠맛이 홍합과 만났다!

| 재료 | 홍합 1kg, 양파 1/3개, 토마토 1개, 올리브유 2스푼 |
| 양념 | 다진 마늘 1스푼, 케첩 1스푼, 소금 약간, 후춧가루 약간, 청주 5스푼, 버터 1스푼, 오레가노 약간(또는 바질 약간) |

만들기

1 홍합은 수염을 제거하고 흐르는 물에 껍질을 깨끗하게 씻는다.

2 양파는 다지고, 토마토는 껍질을 벗겨 다진다.

3 중간 불로 달군 팬에 올리브유를 둘러 마늘, 양파를 넣고 볶는다.

4 향이 올라오면 토마토를 넣고 케첩 1스푼, 소금, 후춧가루를 넣어 볶는다.

5 홍합, 청주를 넣고 뚜껑을 덮어 익힌 뒤 홍합이 익으면 그릇에 담는다.

6 팬에 남은 소스에 버터, 허브가루를 넣고 끓인 뒤 홍합 위에 소스를 부어 완성한다.

Chapter 5 국·찜·탕·찌개·전골 **167**

4인분 | 조리시간 40분 | 난이도 ★★★

갑오징어닭볶음탕

닭볶음탕에 갑오징어가 들어가니 깊은 맛이 UP

재료   월계수잎 5장, 통후추 약간, 된장 1스푼, 닭 1마리(볶음탕용), 감자 2개,
             양파 1개, 당근 1개, 대파 1대, 매운 고추 2개, 갑오징어 2마리

선택 재료   어슷 썬 매운 고추

양념장   물 4컵, 만능고추장 1½컵, 간장 1/3컵, 후춧가루 약간

*대체재료   감자 ▶ 고구마

만들기

1   냄비에 월계수잎, 통후추, 된장을 넣고 끓인 후 닭을 5분 정도 데친 뒤 찬물에 헹군다.

2   감자와 양파, 당근은 4–5등분으로 큼직하게 썰고, 대파와 고추는 어슷 썬다.

3   갑오징어는 손질해 깨끗이 씻어 몸통 안에 잔 칼집을 내준다.

4   냄비에 **양념장**과 닭, 감자, 당근을 넣고 한소끔 끓인다.

5   닭고기가 다 익어가면 갑오징어, 양파, 대파, 고추를 넣고 한소끔 끓여 완성한다.

TIP

· 닭을 데칠 때 된장을 넣으면 불순물과 잡내가 제거된다.

· 양파, 대파, 고추는 감자가 익었을 때 넣어야 식감이 좋다.

· 가래떡을 추가해도 좋다.

1~2인분 | 조리시간 50분 | 난이도 ★★☆

들깨삼계탕

영양만점, 들깨삼계탕으로 몸보신하세요~

재료   찹쌀 1컵, 닭 1마리(= 약 1.2kg), 마늘 10개, 삼계탕용
국물재료 1봉, 쌀뜨물 1.5리터, 들깻가루 5~6스푼

양념   소금 약간, 후춧가루 약간

*대체재료   쌀뜨물 ▶ 생수, 육수

만들기

1 찹쌀은 씻어서 물에 불리고 닭은 깨끗하게 손질한다.

2 닭 안에 찹쌀과 마늘을 넣는다. ⋯ 이쑤시개를 이용하거나
닭껍질에 칼집을 넣어 잘 여민다.

3 냄비에 닭과 삼계탕용 국물재료를 넣고 쌀뜨물을 부어 중
간 불에 30분간 끓인다.
⋯ 끓어오를 때 올라오는 기름기는 거른다.

4 닭을 뒤집은 뒤 물 1컵을 넣고 15분간 끓인다.

5 들깻가루, 소금, 후춧가루로 간해 5분간 더 끓여 완성한다.

3인분 | 조리시간 50분 | 난이도 ★★★

3인분 | 조리시간 30분 | 난이도 ★★☆

찜닭

찜닭 맛집, 잘 찾아오셨어요.

재료	닭 1마리, 월계수잎 2장, 통후추 약간, 마늘 3개, 대파 1/2대, 납작당면 1줌, 감자 1개, 당근 1/2개, 양파 1/2개, 대파 1/2대, 매운 고추 1개, 홍고추 1개, 참기름 2스푼
선택 재료	떡볶이 떡 약간
양념장	만능요리간장 1컵, 다진 마늘 1스푼, 후춧가루 약간

만들기

1 냄비에 물을 넉넉히 붓고 닭과 월계수잎, 통후추, 마늘, 대파를 넣고 삶은 뒤 깨끗한 물에 여러 번 헹군다.

2 미지근한 물에 납작당면을 불린 뒤 체에 받쳐 물기를 뺀다.

3 감자와 당근, 양파는 한입 크기로 썰고, 대파는 3cm로 길이로 썰고, 고추는 어슷 썬다.

4 냄비에 물 2컵을 붓고 삶은 닭과 감자, 당근, **양념장**을 넣고 센불에서 끓인다. 국물이 팔팔 끓으면 나머지 손질한 채소를 넣고 조린다.

5 국물이 줄면 불린 당면을 넣고 뒤적인 뒤 불을 끄고 참기름을 둘러 완성한다.

TIP

닭에 월계수잎, 통후추, 마늘, 대파를 넣고 삶으면 잡내가 제거된다.

동태찌개

날씨가 쌀쌀할 때 더욱 생각나요~

재료	동태 1마리, 두부 1/3모, 무 4cm 1토막, 대파 1/2대, 매운 고추 2개, 쑥갓 5~6줄기, 육수 5~6컵
양념장	고춧가루 3스푼, 간장 1스푼, 멸치액젓 1스푼, 된장 1스푼, 맛술 1스푼, 다진 마늘 2스푼, 후춧가루 약간

*대체재료 동태 ▶ 조기, 생태

만들기

1 동태는 지느러미를 자른 뒤 4등분으로 토막낸다. 흐르는 물에 깨끗이 씻어 체에 받쳐 물기를 뺀다.

2 두부와 무는 도톰하게 나박 썰고 대파와 고추는 어슷 썬다. 쑥갓은 다듬어 줄기를 잘라낸다.

3 냄비에 육수와 무를 넣고 센불에서 끓인다. 무가 익으면 동태와 **양념장**을 넣고 중불에서 끓인다.

4 동태가 익으면 두부와 대파, 고추를 넣고 한소끔 끓인 뒤 불을 끄고 쑥갓을 올려 완성한다.

TIP

동태는 내장을 깨끗이 제거해야 비린내가 나지 않는다.

4인분 | 조리시간 40분 | 난이도 ★★☆

LA갈비찜

적당히 밴 갈비양념이 부드러운 고기와 잘 어울려요~

재료	갈비 1kg, 무 1/3개, 당근 1/3개, 표고버섯 3~5개, 대파 1/3대, 매운 고추 2개, 양파 1/2개
양념장	만능요리간장 2컵(248페이지 참고), 물 6컵, 다진 마늘 2스푼, 참기름 4스푼, 후춧가루 약간
선택 재료	건대추 5~6개

만들기

1   갈비는 3~4시간 정도 찬물에 담가 핏물을 뺀다. ···→ 2~3번 물을 바꿔준다.

2   끓는 물에 갈비를 넣고 3분간 데쳐 건진 뒤 찬물에 헹군다.

3   무와 당근은 큼직하게 썰고 모서리를 돌려 깎는다. 버섯은 기둥을 떼고 반으로 자른다. 대파와 고추는 어슷 썰고 양파는 굵게 채 썬다. 대추는 돌려 깎기해서 씨를 뺀다.

4   냄비에 **양념장**과 갈비, 무, 당근을 넣고 끓기 시작하면 버섯, 대추를 넣고 중 약 불로 낮춰 20~30분간 익힌다.

5   고기가 익으면 양파, 대파, 고추를 넣고 한소끔 끓여 완성한다.

TIP

바로 먹을 땐 파인애플이나 키위를 갈아서 넣으면 부드럽게 먹을 수 있지만
오래 두고 먹을 땐 살이 잘 부서질 수 있다.

매운돼지갈비찜

매콤한 양념과 고기가 입에 착 감기는 맛

재료	대파 1대, 양파 1/2개, 당근 1/6개, 매운 고추 4개, 돼지갈비 찜용(1~1.5kg), 참깨 약간, 후춧가루 약간
양념장	설탕 2스푼, 다진 마늘 1/2스푼, 다진 생강 1/3스푼, 고춧가루 1스푼, 매운 고춧가루 1스푼, 고추장 2스푼, 간장 4스푼, 맛술 3스푼, 굴소스 1스푼, 물엿 1스푼, 참기름 1스푼, 소금 약간
선택 재료	감자 1개(or 고구마 2개)

만들기

1 대파는 4cm 길이로 썰고 양파, 당근, 감자는 한입 크기로 썰고 고추는 어슷 썬다.

2 돼지갈비는 핏물을 빼 냄비에 넣고 끓는 물에 15분간 데친 뒤 건진다.

3 냄비에 물 5컵과 **양념장**을 넣고 끓인다.

4 돼지갈비를 넣고 고기가 익을 때까지 끓인 뒤 당근, 감자, 양파를 넣고 끓인다.

5 국물이 자작해지도록 졸여지면 대파, 고추를 넣고 한 번 더 끓인다.

6 그릇에 담고 후춧가루, 참깨를 뿌려 완성한다.

대패삼겹살김치롤찜

누구나 따라하기 쉬운~ 손님 초대요리!

재료　　　대파 1대, 김치 1/3포기, 대패삼겹살 600g, 다시팩 1봉(251페이지 참고)

양념　　　고추장 1/2스푼, 설탕 1/4스푼

선택 재료　매운 고추 2개, 홍고추 1개

만들기

1 대파, 고추는 송송 썬다.

2 김치는 입을 반 갈라 삼겹살을 겹쳐지게 올린 뒤 돌돌 만다.

3 냄비에 물 6컵, 다시팩을 넣고 10분간 끓인 뒤 육수를 거른다.

4 냄비에 김치롤을 둥글게 두른 뒤 잠길 정도로 육수를 붓고 고추장, 설탕을 넣어
   풀어 센불에 끓인다.

5 대파, 고추를 넣고 남은 육수를 조금 더 붓고 중약 불에 푹 끓여 완성한다.

6

밥·면

밥심.
우리는 밥을 먹어야 힘을 냅니다.
밥에 진심인 사람들을 위해
밥과 면을 더 맛있게 즐길 수 있는
레시피를 담았습니다.

2~3인분 | 조리시간 15분 | 난이도 ★☆☆

간장비빔국수

입맛 없을때 간단하게 만들어 먹을 수 있어요.

재료   애호박 1/4개, 표고버섯 1~2개, 당근 1/6개,
          피망 1/2개, 양파 1/3개, 소면 2인분

양념장   간장 2스푼, 설탕 2/3스푼, 참기름 1스푼, 참깨 약간

        ⋯⋗ 만능간장 사용시 양 조절

만들기

1   채소는 채 썰어 기름 두른 팬에 살짝 볶아 식힌다.

2   볼에 간장, 설탕, 참기름을 넣어 고루 섞는다.

3   소면은 삶아 찬물에 헹군 뒤 체에 밭친다.

4   볼에 소면, 양념장을 넣고 고루 버무린 뒤 참깨를 뿌려 완
    성한다.

과일비빔국수

새콤달콤하게 입맛을 당기는 맛

재료	양파 1/3개, 오이 1/5개, 사과 1/3개, 소면 2인분, 소금 약간
양념장	고추장 1스푼, 간장 1스푼, 식초 2스푼, 참기름 1스푼, 매실청 1스푼, 다진 마늘 1/3스푼, 깨소금 약간, 소금 약간

만들기

1 양파, 오이, 사과는 채 썬다.

2 끓는 물에 소면을 넣어 삶아 찬물에 헹궈 체에 받친다.

3 볼에 소면, **양념장**, 채소를 넣고 고루 버무린다.

　⋯ 취향에 따라 소금으로 간을 맞춘다.

4 그릇에 담은 뒤 미리 썰어 둔 사과, 오이를 올려 완성한다.

미나리비빔국수

봄내음 가득한 비빔국수 비법 레시피

재료	소면 2인분, 미나리 1/2줌, 김치 1컵, 참깨 약간
양념장	만능고추장 2스푼, 식초 1스푼, 설탕 1/2스푼, 참기름 약간

*대체재료　미나리 ▶ 열무김치

만들기

1 끓는 물에 소면을 넣고 삶은 후 찬물에 비벼가며 여러 번 헹궈 체에 받쳐 물기를 뺀다.

2 미나리는 깨끗이 씻어 3–4cm로 썬다.

3 김치는 국물을 짜고 송송 썬다.

4 볼에 소면과 김치, 미나리, **양념장**을 넣고 고루 버무린다.

5 돌돌 말아 그릇에 담고 참깨를 뿌려 완성한다.

1~2인분 | 조리시간 10~15분 | 난이도 ★☆☆

김치덮밥

한국인의 소울 푸드 김치, 초간단 볶음 만들기

재료	대파 1대, 양파 1/3개, 김치 1컵, 밥 1½공기, 참깨 약간
양념장	설탕 1/3스푼, 고춧가루 1/2스푼, 간장 1/2스푼, 맛술 1스푼, 물엿 1스푼, 참기름 약간

만들기

1 대파, 양파, 김치는 굵게 다진다.

2 팬에 대파, 기름을 넣어 중간 불로 달군 뒤 파향이 올라오면 양파, 김치, 설탕을 넣고 볶는다.

3 양파가 투명해지면 설탕을 제외한 나머지 **양념장**을 넣고 3분 더 볶는다. ⋯ 이때 물을 약간씩 넣어가며 볶는다.

4 그릇에 밥을 담고 위에 올린 뒤 참깨를 뿌려 완성한다.

갓김치볶음(+갓김치덮밥)

시원한 감칠맛이 일품인 갓김치볶음

재료　갓김치 2줌(=500g), 대파 1대, 양파 1/2개,
국물용 멸치 1/2줌(6–8마리), 들기름 5스푼,
다진 마늘 1스푼, 만능육수 1컵, 설탕 1스푼

*대체재료　갓김치 ▶ 묵은지, 알타리

만들기

1 갓김치는 흐르는 물에 가볍게 씻어 한입 크기로 썬다.

2 대파는 어슷하게 썰고, 양파는 채 썬다.

3 국물용 멸치는 머리와 내장을 떼고 마른 팬에 바삭하게
볶는다.

4 팬에 기름, 들기름, 다진 마늘을 넣고 볶아 향이 올라오면
갓김치, 양파, 국물용 멸치를 넣고 볶는다.

5 갓김치가 숨이 죽으면 대파와 육수, 설탕을 넣고 푹 끓여
완성한다.

⋯▶ 갓김치덮밥: 밥과 볶은 갓김치를 고루 담아 완성한다.

2인분 | 조리시간 25분 | 난이도 ★★☆

가지덮밥

가지를 이렇게 먹으면 밥 한 공기 뚝딱!

재료　가지 1개, 양파 1/4개, 꽈리고추 3개, 대파 1/4개,
　　　다진 마늘 1스푼, 고춧가루 1스푼, 돼지 다짐육 70g,
　　　만능요리간장 3스푼

만들기

1　가지는 꼭지를 떼고 반 갈라 어슷하게 썬다.

2　양파는 채 썰고, 꽈리고추는 어슷 썬다. 대파는 송송 썬
　　다.

3　팬에 기름을 넉넉히 둘러 다진 마늘, 양파, 대파를 넣고
　　볶다가 고춧가루를 넣고 볶아 향신기름을 만들어 둔다.

4　향신기름에 고기, 가지, 꽈리고추를 넣고 만능요리간장
　　을 넣고 볶아 참깨를 뿌린다.

5　그릇에 밥을 담고 가지볶음을 올려 완성한다.

TIP

볶을 때 두부나 스크램블에그를 추가해도 좋다.

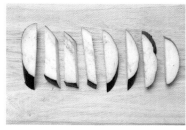

2~3인분 | 조리시간 20분 | 난이도 ★☆☆

마늘표고버섯영양밥

영양만점 식사, 한 그릇이면 충분해요!

영양밥재료 표고버섯 3개, 쌀 2컵, 흑미 1스푼, 차수수 1스푼,
기장 1스푼, 서리태 1/3컵, 마늘 5~7톨, 은행 5개,
물 2컵, 소금 약간

선택 재료 연자

만들기

1 표고버섯은 모양을 살려 납작 썬다.

2 쌀, 흑미, 차수수, 기장, 서리태는 깨끗이 씻어 불려 놓는
다.

3 솥에 **영양밥 재료**를 고루 섞는다.

4 센불로 가열한다. 추에서 소리가 나면 2분 뒤에 약불로
줄여 5분 더 가열한 후 불을 끄고 10분간 뜸을 들여 완성
한다.

TIP

밤, 연근, 단호박 등 냉장고에 있는 재료들을 활용해도 좋다.

2~3인분 | 조리시간 15~20분 | 난이도 ★☆☆

연어장(+연어덮밥)

입에 착착 감기는 소스와 연어의 앙상블!!

재료	생연어 2–3토막(약 500–600g), 생강술 2–3스푼, 양파 1개, 레몬 1/2개, 베트남고추 2–3개
양념장	맛간장 1컵, 물 1½컵, 설탕 1스푼, 후춧가루 약간

만들기

1 연어는 두툼하게 한입 크기로 썬 뒤 생강술에 10분간 재운다.

2 양파는 굵게 채 썰고 레몬은 모양을 살려 0.5cm 두께로 썰고 씨를 제거한다.

3 볼에 **양념장**을 넣어 고루 섞어 준비한다.

4 밀폐용기에 연어, 양파, 베트남고추, 레몬을 넣는다.

5 양념장을 부은 뒤 냉장보관해 반나절 뒤에 먹는다.
  ⋯→ 2–3일 내로 먹는 것이 좋다.

2~3인분 | 조리시간 30분 | 난이도 ★★☆

오징어볶음(+오징어덮밥)

입안에 가득 퍼지는 불맛이 매력있어요~

| 재료 | 오징어 1마리, 양파 1/2개, 대파 1/3대, 매운 고추 1개, 쪽파 2대, 다진 마늘 1스푼, 참기름 2스푼, 참깨 약간 |
| 양념장 | 만능고추장양념 3스푼, 설탕 1/2스푼, 후춧가루 약간 |

만들기

1 오징어는 손질해 몸통은 링 모양으로 썰고 다리는 4cm 길이로 썬다.

2 양파는 굵게 채 썰고 대파, 고추는 어슷 썬다. 쪽파는 3~4cm 길이로 썬다.

3 팬에 기름, 다진 마늘을 넣고 볶아 마늘향이 올라오면 오징어를 넣고 센불에서 익힌다.

4 오징어가 반쯤 익으면 **양념장**을 넣고 볶는다.

5 채소를 넣고 뒤적인 뒤 불을 끄고 참기름과 참깨를 뿌려 완성한다.

TIP

• 오징어는 오래 볶으면 질겨지므로 센불에서 10분 이내로 볶는 것이 좋다.

• 대패삼겹살을 추가해도 맛있다.

오므라이스

달걀이불 덮은 포슬포슬한 밥과 촉촉한 소스의 맛!!

재료	대파 1/2대, 양파 1/3개, 당근 1/5개, 통조림 햄 1/4캔, 밥 1공기, 달걀 3개(달걀은 풀어 준비한다.)
양념	굴소스 1스푼, 소금 약간, 후춧가루 약간
소스	케첩 2스푼, 돈까스소스 1스푼, 올리고당 1스푼, 물 1/2컵
선택 재료	파슬리가루 약간

만들기

1 대파는 다지고, 양파, 당근, 햄은 잘게 다진다.

2 중간 불로 달군 팬에 기름을 둘러 대파, 양파, 당근, 햄을 넣고 볶는다.

3 양파가 반투명해지면 밥, 굴소스를 넣고 고루 섞은 뒤 소금, 후춧가루로 간해 볶아 꺼낸다. ···› 이때 기름을 살짝 둘러 볶는다.

4 소스팬에 **소스재료**를 넣고 바글바글 끓인다.

5 중약 불로 달군 팬에 기름을 둘러 키친타월로 살짝 닦아 낸 뒤 달걀물을 부어 얇게 부친다.

6 접시에 볶음밥을 소복하게 담는다. 밥 위에 달걀지단을 올리고 소스와 파슬리가루를 뿌려 완성한다.

1인분 | 조리시간 30분 | 난이도 ★★★

밥버거

간편하지만 든든하게 한끼 해결!

재료   흰밥 200g, 소금 약간, 대패삼겹살 150g,
만능요리간장 2스푼, 쌈채소 3장, 토마토 1개,
양송이버섯 2개, 후춧가루 약간

시금치 페스토 만들기

데친 시금치 1줌(=50g), 호두 2개, 아몬드 4~5개,
파르마산치즈 1스푼, 올리브유 1/2컵,
다진 마늘 1스푼을 믹서(핸드블렌더)에 간다.

만들기

1 흰밥에 시금치 페스토, 소금을 넣고 섞어준다.

2 오목한 그릇에 랩을 깔고 양념한 밥을 넣고 꼭꼭 눌러준
다. 이렇게 두 개 준비한다.

3 대패삼겹살을 만능요리간장으로 조물조물 버무린 뒤 달
군 팬에서 빠르게 볶아준다.

4 쌈채소는 깨끗이 씻어 키친타월에 올려 물기를 제거한다.
토마토는 동그란 모양을 살려 썬 뒤 소금, 후추를 뿌린다.

5 양송이버섯은 모양을 살려 썰고 소금, 후추를 뿌려 앞뒤
로 노릇하게 굽는다.

6 밥을 아래에 깔고 준비한 재료를 올리고 밥을 덮어 완성
한다.

TIP

밥을 할 때 찹쌀을 섞으면 밥에 찰기가
생겨 잘 뭉쳐진다.

옛날떡볶이

학교 앞에서 친구들과 나누어 먹던 추억의 고추장 맛~

| 재료 | 떡볶이떡(밀떡) 3줌(=300g), 대파 1/2대, 양파 1/4개, 양배추 2장, 사각어묵 2장, 삶은 달걀 1개 |
| 양념장 | 만능고추장 5스푼(250페이지 참고), 물엿 2스푼, 참치액 1스푼, 후춧가루 약간 |

*대체재료 떡볶이떡 ▶ 떡국떡

만들기

1 떡볶이떡은 미지근한 물에 헹군 뒤 체에 밭쳐 물기를 뺀다.

2 대파와 양파는 어슷 썰고, 양배추, 사각어묵은 한입 크기로 썬다.

3 중간 불로 달군 팬에 기름을 둘러 만능고추장을 넣고 달달 볶다가 떡과 양파, 양배추를 넣고 볶는다.

4 물 1컵을 붓고, 나머지 **양념장**을 넣고 끓인다.

5 한소끔 끓으면 대파, 어묵, 달걀을 넣고 중약 불에 끓여 완성한다.

TIP

떡이 말랑말랑해질 때까지 불리면 속까지 간이 잘 밴다.

2인분 | 조리시간 30분 | 난이도 ★★☆

간장떡볶이

매운 것을 못 먹는 아이, 어른들의 취향저격

재료	떡볶이떡(쌀떡) 3줌(=300g), 기름 1스푼, 건표고버섯 3개, 잡채용 소고기 120g, 양파 1/2개, 대파 1/4대, 다진 마늘 1스푼, 참기름 2스푼, 참깨 약간
밑간	다진 마늘 1스푼, 참기름 1스푼, 후춧가루 약간
양념장	만능요리간장 1/2컵(248페이지 참고), 맛술 4스푼, 설탕 1스푼, 다진 마늘 1스푼, 후춧가루 약간

*대체재료   가래떡 ▶ 떡국떡

만들기

1 떡볶이떡은 뜨거운 물에 기름을 넣고 데친 뒤 체에 밭쳐 물기를 뺀다.

2 건표고버섯은 미지근한 물에 불려 꼭 짜고 소고기와 각각 **밑간**한다.

3 양파는 도톰하게 채 썰고, 대파는 어슷하게 썬다.

4 팬에 기름, 다진 마늘을 넣고 볶아 마늘향이 올라오면 표고버섯, 소고기, 양파를 넣고 중불에서 2-3분간 볶는다.

5 손질한 떡과 **양념장**을 넣고 국물이 자작해질 때까지 끓인 뒤 대파, 참기름, 참깨를 뿌려 완성한다.

곤드레밥

고슬고슬 향긋하게, 폭신하게 씹히는 고소함

재료	쌀 1컵, 건곤드레 25g, 다진 마늘 1/2스푼, 맛간장 1스푼, 들기름 1스푼
양념장	맛간장 5스푼, 고춧가루 1/2스푼, 다진 마늘 1/2스푼, 들기름 2스푼, 참깨 약간

*대체재료 곤드레 ▶ 우거지, 부지깽이

만들기

1 쌀은 깨끗이 씻어 1시간 정도 불린다.

2 건곤드레는 미지근한 물에 2시간 불린 뒤 15분간 삶는다.

3 삶은 곤드레를 먹기 좋은 크기로 썰어 다진 마늘, 맛간장, 들기름을 넣고 조물조물 무쳐 팬에 볶는다.

4 솥에 쌀과 곤드레나물을 얹은 다음 물 1컵을 부어 중간 불에 올려 끓기 시작하면 불을 약하게 줄여 뜸을 들인다.

5 촉촉하게 밥이 되면 골고루 섞어서 그릇에 담고 **양념장**을 곁들여 완성한다.

TIP

곤드레를 삶아서 밥을 하면 훨씬 부드럽게 먹을 수 있다.

짜장덮밥

아이들이 더 좋아하는 덮밥요리

재료	대파 1대, 양파 1개, 당근 1/3개, 돼지고기 100g, 완두콩 2스푼, 짜장가루 100g(또는 춘장), 밥 1공기
전분물	전분 1스푼, 물 3스푼
양념	소금 약간, 후춧가루 약간, 참깨 약간

만들기

1 대파는 어슷 썰고 양파, 당근, 고기는 깍둑썰기한다.

2 중간 불로 달군 팬에 기름을 둘러 대파를 넣어 파기름을 낸다.

3 파향이 올라오면 고기를 넣고 1분간 볶다가 당근, 양파, 완두콩을 넣고 볶는다.

4 반 정도 익으면 짜장소스를 넣고 1분간 볶다가 물 2컵을 붓고 5분간 끓인다.

5 고기와 채소가 익으면 소금, 후춧가루로 간한 뒤 **전분물**을 붓고 2분간 약불에서 끓인다.

6 그릇에 밥과 짜장을 담고 참깨를 뿌려 완성한다.

잡채

정성스런 맛을 푸짐하게 한 그릇에 담았어요.

재료	당면 100g, 빨강 파프리카 1/2개, 부추 1/2줌, 양파 1/2개, 목이버섯 3장, 참깨 1스푼
양념장	만능요리간장 1/2컵, 물 1/2컵, 참기름 3스푼, 후춧가루 약간

*대체재료   부추 ▶ 시금치

만들기

1 당면은 미지근한 물에 담가 부드러워질 때까지 충분히 불린 뒤 체에 밭쳐 물기를 뺀다.

2 파프리카는 반 갈라 씨와 속살을 제거해 가늘게 채 썰고, 부추는 3~4cm 길이로 썰고, 양파는 채 썬다. 목이버섯은 불려 한입 크기로 찢는다.

3 팬에 기름을 둘러 불린 당면과 **양념장**을 넣어 국물이 자작해질 때까지 볶고 불을 끈다.

4 당면 볶은 팬에 준비한 채소와 참깨를 넣고 가볍게 버무려 완성한다.

TIP

당면을 삶지 않고 불린 뒤 볶으면 냉장보관해도 붇지 않는다.

해물잡채

해물을 넣어 더 다채로운 잡채요리

재료	양파 1/2개, 색색 파프리카 각각 1/3개씩, 부추 1/3줌, 칵테일 새우 15마리, 오징어 1/2마리, 당면 100g
양념	참기름 2스푼, 설탕 1스푼, 다진 마늘 1스푼, 청주 1스푼, 굴소스 1스푼
양념장	간장 4스푼, 맛술 1스푼, 굴소스 1스푼, 매실청 2스푼, 참기름 2스푼, 설탕 1스푼, 참깨 1스푼, 후춧가루 약간

만들기

1 양파, 파프리카는 채 썰고 부추는 3~4cm로 썬다. 새우는 맛술을 뿌려놓고 오징어는 손질해 먹기 좋게 썬다.

2 당면은 끓는 물에 간장 1스푼을 넣고 약 15~20분 정도 삶는다.

3 볼에 당면과 참기름 2스푼, 설탕 1스푼을 넣고 밑간한다.

4 중간 불로 달군 팬에 기름을 둘러 양파, 파프리카를 각각 볶아낸다. … 소금을 약간 뿌려가며 볶는다.

5 중간 불로 달군 팬에 기름을 둘러 다진 마늘을 볶다가 새우, 오징어를 넣고 청주 1스푼을 넣어 볶은 뒤 굴소스를 넣고 고루 섞듯이 볶아낸다.

6 볼에 당면, 채소, 해물, **양념장**을 넣고 골고루 섞어 완성한다.

2~3인분 | 조리시간 20분 | 난이도 ★★★

토마토낫토밥

다이어트도 맛있게 해요!!

재료   토마토 2개, 어린잎 1줌(=50g), 차조 1컵, 기장 1컵,
        소금 약간, 낫토 1팩
드레싱 맛간장 3스푼, 매실청 1스푼, 연겨자 1스푼,
        올리고당 1스푼, 찹쌀풀 2스푼, 올리브유 2스푼

만들기

1 토마토는 +모양 칼집을 내 끓는 물에 2분간 데친 뒤 껍질을 벗긴다.

2 꼭지 부분을 잘라내고 속을 파낸다. 파낸 속은 믹서에 곱게 갈아 드레싱과 섞는다.

3 어린잎은 깨끗이 씻어 체에 밭쳐 물기를 뺀다.

4 차조와 기장으로 고슬고슬하게 밥을 해 소금 간을 한다.

5 토마토 속에 밥을 꼭꼭 채워 넣고 낫토를 소복하게 올린다. 채소를 보기 좋게 담고 **드레싱**을 뿌려 완성한다.

TIP

완숙 토마토를 사용하면 속을 파내기 쉽다.

김치·젓갈·장

우리 조상님들은 채소를 오래 먹기 위해서
김치와 장아찌를 만들어 먹었습니다.
지금 우리는 맛있는 식사를 하기 위해서
김치와 장아찌를 만들어 먹습니다.
상큼하고 아삭한 맛을 즐겨보세요.

10인분 | 조리시간 30분(배추 절이는 시간 1시간 30분) | 난이도 ★ ★ ☆

과일배추겉절이

풍성한 맛의 특별한 겉절이 만들기

재료	배추 1포기, 대파 1대, 부추 1/2줌, 단감 1/2개, 사과 1/4개, 배 1/4개, 참깨 1스푼
절임물	물 2컵, 굵은 소금 3–4스푼
양념	고춧가루 2컵, 설탕 1/2컵, 찹쌀풀 2컵, 멸치액젓 1/3컵, 소금 1/3컵, 매실청 1/2컵, 새우젓 1스푼, 다진 마늘 3스푼, 다진 생강 2스푼, 고추씨 3스푼

*대체재료 과일 ▶ 무

만들기

1 배추는 밑동을 잘라 다듬어 세로로 어슷하고 길쭉하게 썬 뒤 **절임물**에 1시간 30분 정도 절이고 흐르는 물에 헹궈 체에 밭친다.

2 대파는 어슷 썰고 부추는 3–4cm 길이로 썬다. 과일은 한 입 크기로 납작 썬다.

3 볼에 **양념**을 넣고 고루 섞어 고춧가루가 충분히 불게 10 분간 둔다.

4 절인 배추와 대파, 부추, 과일을 넣고 양념으로 고루 버무 린 후 모자란 간은 소금으로 하고 참깨를 뿌려 완성한다.

TIP

• 과일을 넣기 때문에 많이 만들지 않고 그때그때 버무려 먹 는 것이 좋다.

• 겉절이양념으로 깍두기, 봄동겉절이, 오이김치 등에 활용 할 수 있다.

2인분 | 조리시간 10분 | 난이도 ★☆☆

무생채

새콤달콤매콤하게 만들어 먹어요.

| 재료 | 무 1/2개(= 350g), 부추 2대, 고춧가루 2스푼 |
| 양념장 | 다진 마늘 1스푼, 소금 1/3스푼, 설탕 1스푼, 멸치액젓 1스푼, 참깨 1스푼 |

만들기

1 무는 깨끗이 씻은 뒤 채 썰고, 부추는 2–3cm 길이로 썬다.

2 볼에 채 썬 무를 넣고 고춧가루로 색이 들게 조물조물 버무린다.

3 부추와 **양념장**을 넣고 버무려 완성한다.

TIP

• 세로로 썰면 부서지지 않고 식감이 더 좋아진다.

• 마지막에 손질한 굴을 추가하면 굴무생채가 된다.

*재료 고르는 법

무는 잔털 없이 매끈하고 녹색 부분이 많을수록 좋다.

무장아찌

오래 두고 먹어도 질리지 않는

재료 무 2개, 매운 고추 5개, 황설탕 6컵, 소금 3스푼,
홍고추 1개, 간장 1컵, 매실청 1컵

만들기

1 무는 껍질 채 깨끗이 씻어 3등분하고 큼직하게 4-5cm 두
께로 썬다.

2 고추는 어슷 썬다.

3 밀폐용기에 무와 황설탕, 소금을 켜켜이 담아 일주일간
상온에 보관한다.

4 일주일 뒤 물을 따라내고 고추와 간장, 매실청을 부어 누
름돌로 꾹 눌러둔다.

5 서늘한 상온에 일주일간 두었다가 냉장보관하여 완성한
다.

TIP

장아찌 물은 생선 조림할 때 쓰면 좋다.

*재료 고르는 법

무는 잔털 없이 매끈하고 녹색 부분이 많을수록 좋다.

8-10인분 | 조리시간 15분 | 난이도 ★ ☆ ☆

양파장아찌

새콤달콤 달인 간장에 아삭한 양파의 단맛

재료 양파 3개, 매운 고추 2개, 월계수잎 5장, 통후추 10알
간장물 물 2컵, 간장 1컵, 식초 1컵, 설탕 1/4컵

만들기

1 양파는 껍질을 벗겨 한입 크기로 썰고 고추는 송송 썬다.

2 내열 유리병에 양파, 고추, 월계수잎, 통후추를 담는다.

3 **간장물**을 한소끔 끓인 뒤 붓는다.

4 식으면 뚜껑을 닫고 상온에 하루 정도 두었다가 냉장보관
   하여 완성한다.

TIP

내열 유리병에 물을 넣고 전자레인지에 2분 정도 돌리면 초
간단으로 소독된다. 소독하지 않고 내용물을 넣으면 변질될
위험이 있다.

고추장아찌

입맛이 없을 때, 간장에 숙성된 고추와 함께

재료   풋고추 25~30개, 만능장아찌간장 5컵(249페이지 참고)

만들기

1 고추는 깨끗이 씻어 물기를 제거한 뒤 꼭지를 짧게 자르고 포크로 구멍을 낸다.

2 장아찌간장을 팔팔 끓인다.

3 밀폐용기에 손질한 고추를 담고 뜨거운 장아찌 간장을 부은 뒤 누름돌로 꼭 눌러둔다.

4 차게 식힌 뒤 뚜껑을 닫고 서늘한 상온에서 일주일간 두었다가 냉장보관한다.

TIP

• 고추에 포크로 구멍을 뚫거나 끝을 가위로 잘라내야 속까지 장아찌간장이 잘 스며든다.

• 매콤한 맛을 좋아한다면 고추씨를 추가해도 좋다.

4인분 | 조리시간 30분(아삭이고추 절이는 시간 1시간)
난이도 ★★☆

4인분 | 조리시간 30분(아삭이고추 절이는 시간 1시간) | 난이도 ★★☆

아삭이고추물김치

고추가 들어가 알싸하고 시원한 물김치

재료	아삭이고추 10개, 홍고추 1개, 무 1/5쪽(=200g), 양파1/2개, 배1/4개, 밤 3톨, 대추 5알, 부추 1/2줌, 멸치액젓 2스푼, 소금 1/2스푼
국물 재료	배 1/4개, 사과 1/4개, 양파 1/2개, 양배추 50g, 무 1/3개
양념	소금 1스푼, 액젓 1스푼, 다진 마늘 1스푼, 설탕 1/2스푼, 유자청 3스푼

*대체재료   아삭이고추 ▶ 오이, 청경채, 양배추

만들기

1. 고추를 깨끗이 씻어 양끝을 조금씩 남기고 배를 갈라 속을 파낸 뒤 소금물에 1시간 정도 절인다.

2. 홍고추, 무, 양파, 배, 밤, 대추를 얇게 채 썰고, 부추는 4–5cm 길이로 썰고, 재료를 모두 섞어 액젓, 소금을 넣어 절인다.

3. **국물 재료**에 물 5컵을 넣고 갈아 준 뒤 고운 체에 밭쳐 맑은 물만 따라 둔다. 국물에 **양념**을 넣고 섞어준다.

4. 절인 고추 사이에 ②의 소를 꼭꼭 채워 넣는다.

5. 김치통에 꼭꼭 눌러 담고 ③의 국물을 부어 실온에 하루쯤 두었다가 냉장보관한다.

TIP

소 재료는 얇게 채 썰어야 아삭이고추 속에 넣기 편하다.

아삭이고추소박이

비타민C가 풍부한 맵지 않고 식감이 좋은 소박이

재료	아삭이고추 10개, 부추 1줌, 양파 1개, 빨강 파프리카 1개
절임물	물 3컵, 설탕 1스푼, 굵은 소금 2스푼
양념	고춧가루 2/3컵, 다진 마늘 2스푼, 새우젓 2/3스푼, 황석어젓 1스푼, 간 생강 1½스푼, 소금 1½스푼, 설탕 3½스푼

*대체재료   아삭이고추 ▶ 가지, 오이

만들기

1. 고추를 깨끗이 씻어 양끝을 조금씩 남기고 배를 갈라 속을 파낸 뒤 **절임물**에 1시간 정도 절인 후 건져 둔다.

2. 부추, 양파, 빨강 파프리카를 잘게 다져 **양념**을 넣고 버무린다.

3. 절인 고추 사이에 ②의 소를 꼭꼭 채워 넣는다.

4. 김치통에 꼭꼭 눌러 담아 실온에 하루쯤 두었다가 냉장보관하여 완성한다.

매운고추피클

처음엔 화끈하게, 뒷맛은 깔끔하게~

재료	매운 고추 10~15개, 양파 1/4개
피클물	설탕 1스푼, 식초 2/3컵, 물 1½컵

만들기

1 고추, 양파는 한입 크기로 썬다.

2 냄비에 설탕, 식초, 물을 넣고 끓인 뒤 한 김 식힌다.

3 내열 유리병에 고추, 양파를 넣는다.

4 **피클물**을 붓고 반나절 동안 실온에 보관한 뒤 냉장에 넣어 2~3일 정도 숙성시켜 완성한다.

Tip

설탕 양을 줄이고, 향신료를 넣지 않아도 피클 맛이 좋다.

비트피클

어떤 요리와도 잘 어울리는 고운 핑크빛 피클

재료	무 1/3개, 비트 1/3개
피클물	설탕 7스푼, 소금 13스푼, 식초 10스푼
	(설탕 대신 매실청을 넣어도 좋다.)

만들기

1 무는 사방 3~4cm 길이로 납작 썬다.

2 비트도 같은 크기로 썰어 물에 헹군다.

3 볼에 **피클물** 재료를 넣고 고루 섞는다.

4 볼에 무, 비트, 피클물을 부어 섞는다.

5 밀폐용기에 담고 실온에 7시간 정도 숙성시켜 냉장보관하여 완성한다.

오이피클

파스타의 절친, 입안을 개운하게~

재료	오이 4개, 양파 1개
피클물	식초 2컵, 물 2컵, 설탕 1컵, 소금 1/2스푼, 월계수잎 3–4장, 통후추 10–15알
선택 재료	송송 썬 홍고추

만들기

1 오이는 깨끗이 씻어 0.8–1cm두께로 썰고 양파는 한입 크기로 썬다.

2 냄비에 **피클물** 재료를 넣고 설탕이 다 녹을 때까지 끓인다.

3 내열용기에 재료를 모두 담고 피클물을 부어 실온에 반나절 두었다가 냉장보관하여 완성한다.

양배추피클

단맛이 감도는 양배추로 아삭한 피클을 담가요.

재료	양배추 1/4개, 당근 1/4개, 양파 1/2개, 마늘 4개
양념	소금 1½스푼, 식초 4스푼, 설탕 4스푼, 물 2컵

만들기

1 양배추는 한입 크기로 썰고 당근도 같은 크기로 얇게 납작 썬다.

2 양파, 마늘, 소금, 식초, 설탕, 물을 믹서기에 넣고 곱게 간다.

3 볼에 양배추, 당근을 넣고 간 양념을 부어 상온에 반나절 정도 둔다.

4 유리병에 담아 냉장보관하여 완성한다.

Tip

2–3일 후에 먹으면 더 좋다.

3인분 | 조리시간 30분 (오이 절이는 시간 30분) | 난이도 ★★★

오이물김치

아삭 칼칼~ 국물까지 시원한 맛!

재료	오이 5개, 무 1/5쪽(=150g), 대추 5알, 밤 3톨, 양파 1/2개, 홍고추 1개, 부추 1/2줌, 액젓 1스푼, 소금 1/2스푼
절임물	물 3컵, 설탕 1스푼, 굵은 소금 2스푼
국물재료	배 1/4개, 사과 1/4개, 양파 1/2개, 양배추 50g, 무 1/3개,
국물양념	소금 1스푼, 액젓 1스푼, 다진 마늘 1스푼, 설탕 1/2스푼, 찹쌀풀 1/2컵

*대체재료 오이 ▶ 양배추

만들기

1 오이는 깨끗이 씻어 4–5cm 길이로 썰고 밑 부분을 1cm정도 남기고 열십자로 칼집을 넣는다. 끓인 **절임물**에 30분 정도 절였다가 체에 받쳐 물기를 뺀다.

2 무, 대추, 밤, 양파, 홍고추를 얇게 채 썰고, 부추는 5–6cm 길이로 썬다. 썬 재료를 한데 섞어 액젓과 소금을 넣어 절인다.

3 절인 오이의 칼집 사이에 ②의 소를 꼭꼭 채워 넣는다.

4 **국물재료**를 물 5컵을 넣고 간 뒤 고운체에 받쳐 맑은 물만 따라 둔다. 국물에 **국물양념**을 넣고 고루 섞어 준다.

5 김치통에 오이를 꾹꾹 눌러 담고 ④의 국물을 부어 실온에 하루쯤 두었다가 냉장보관하여 먹는다.

TIP

끓는 절임물을 사용하면 익을 때까지 아삭한 식감을 유지할 수 있다.

돌나물물김치

봄향기가 물씬 나는 아삭하고 시원한 김치

재료   돌나물 4줌, 오이 1/2개, 양파 1/2개, 미나리 1/2줌,
            쪽파 5대, 청고추 1/2개, 홍고추 1/2개, 배 1/2개,
            양파 1/2개, 양배추 100g, 마늘 3쪽, 생강 1톨,
            소금 3스푼, 설탕 1스푼

양념   고춧가루 2스푼, 소금 1스푼, 찹쌀풀 2/3컵

만들기

1 돌나물은 손질해서 깨끗이 씻어 체에 밭쳐 물기를 뺀다.

2 오이는 모양을 살려 동그랗게 썰고 양파는 채 썬다. 미나
   리 줄기와 쪽파는 4-5cm로 썰고 고추는 얇게 어슷 썬다.

3 배, 양파, 양배추는 물 10컵을 넣고 갈아서 체에 밭쳐 물
   만 따라낸다. 마늘, 생강은 채 썰어 다시팩에 넣는다.

4 고춧가루에 물 2컵을 부어 불린 뒤 면보에 넣고 ③의 물
   에 담가 주물러 붉은색을 우려낸다.

5 밀폐용기에 손질한 채소, 다시팩, 찹쌀풀, 국물을 붓고
   실온에서 하룻밤 두었다가 냉장보관해 먹는다.

TIP

• 담근 뒤 바로 먹어도 좋지만 실온에서
   하루 정도 익혀서 먹으면 좋다.

• 설탕을 많이 넣으면 숙성 후 국물이
   맑지 않기 때문에 배를 사용하는 것
   이 좋다.

4인분 | 조리시간 30분 (오이 절이는 시간 30분) | 난이도 ★★☆

오이소박이

아삭아삭 씹는 소리도 상큼! 싱그러운 오이로 만드는 김치!

재료	오이 5개, 부추 1/2줌, 양파 1/2개, 빨강 파프리카 1개
절임물	물 3컵, 설탕 1스푼, 굵은 소금 2스푼
양념	고춧가루 1/2컵, 새우젓 1/2스푼, 다진 마늘 1스푼, 간 생강 1스푼, 황석어젓 1스푼, 소금 1스푼, 설탕 3스푼

만들기

1 오이는 깨끗이 씻어 4-5cm 길이로 썰고, 밑부분을 1cm 남기고 +자로 칼집을 넣는다. **절임물**에 1시간 30분 정도 절였다가 흐르는 물에 헹군다.

2 부추, 양파, 파프리카는 잘게 다져 **양념**을 넣고 버무린다.

3 절인 오이의 칼집 사이로 소를 꼭꼭 채워 넣는다.

4 김치통에 꾹꾹 눌러 담아 실온에 하루쯤 두었다가 냉장보관한다.

TIP

끓인 절임물을 사용하면 익을 때까지 아삭한 식감을 유지할 수 있다.

10인분 | 조리시간 30분 | 난이도 ★★☆

나박김치

개운하고 톡 쏘는 시원한 김치의 대표주자

재료   무 1/5개, 배추속대 5장, 당근 1/3개, 설탕 1스푼, 굵은 소금 1스푼, 미나리 3대,
        쪽파 3대, 오이 1/3개, 풋고추 1/2개, 홍고추 1/2개, 배 1/2개, 양파 1/2개,
        양배추 100g, 마늘 3쪽, 생강 1톨

양념   고춧가루 2스푼, 소금 1스푼, 찹쌀풀 2/3컵

만들기

1 무, 배추, 당근은 2cm 크기로 납작하게 썬다. 무와 배추는 설탕, 소금에 절인다.

2 미나리와 쪽파는 2-3cm로 썰고 오이는 모양을 살려 얇게 썰고, 고추는 어슷 썬다.

3 배, 양파, 양배추는 물 10컵을 넣고 갈아서 체에 밭쳐 물만 따라내고 마늘, 생강은 채 썰어 다시팩에 넣어 놓는다.

4 고춧가루에 물 2컵을 부어 불린 뒤 면보에 넣고 ③의 물에 담가 주물러 붉은색을 우려낸 뒤 소금을 넣어 간을 맞춘다.

5 밀폐용기에 손질한 채소들과 다시팩, 찹쌀풀, 국물을 붓고 실온에서 하룻밤 두었다가 냉장보관한다.

TIP

• 설탕을 많이 넣으면 숙성 후 국물이 맑지 않기 때문에 배를 사용하는 것이 좋다.

• 마늘, 생강은 다져서 넣으면 국물이 탁해지기 때문에 채 썰어 넣는 것이 좋다.

10인분 / 조리시간 30분/ 난이도 ★★☆

파김치

오래 묵히면 더욱 맛있는 김치계의 신스틸러

재료	쪽파 1단(=700-900g), 액젓 1/2컵
양념장	고춧가루 1컵, 액젓 2스푼, 황석어젓 2스푼, 다진 마늘 2스푼, 고추씨 2스푼, 배효소 2스푼, 양파효소 3스푼, 간생강 1스푼, 굵은 소금 1½스푼, 찹쌀풀 5스푼

*대체재료   쪽파 ▶ 대파

배효소 ▶ 배음료

양파효소 ▶ 양파즙

만들기

1   쪽파는 깨끗이 씻은 뒤 체에 밭쳐 물기를 뺀다.

2   액젓을 뿌리 쪽으로 뿌려 10-15분간 절인다.

3   쪽파에 **양념장**을 골고루 묻힌 뒤 밀폐용기에 담아 실온에 서 하루 숙성 후 냉장보관한다.

TIP

쪽파를 절인 뒤 나온 국물은 양념장에 섞어 사용하면 좋다.

2~3인분 | 조리시간 20분(무 절이는 시간 1시간) | 난이도 ★★☆

섞박지

설렁탕의 영혼의 단짝, 아삭하고 시원하게 즐겨요.

재료	무 2개(큰 것은 1개), 굵은 소금 ⅓컵, 설탕 1스푼, 풋고추 3개, 대파 1/2대
양념장	고춧가루 2/3컵, 찹쌀풀 2스푼, 황석어젓갈 1스푼, 새우젓 1스푼, 멸치액젓 1스푼, 배효소 1스푼, 생강청 1스푼, 고추씨 1스푼, 다진 마늘 1½스푼

*대체재료 배효소 ▶ 배음료

만들기

1 무는 껍질째 씻어 4cm로 토막내 2cm 두께로 썰고 소금, 설탕을 뿌려 2시간 이상 절인 후 체에 밭쳐 물기를 뺀다.

2 풋고추와 대파는 어슷 썬다.

3 ②의 재료와 준비한 **양념장**을 고루 버무려 준비한다.

4 절인 무에 양념장을 넣어 버무리고 소금으로 간을 맞춘다.

5 보관용기에 꼭꼭 눌러 담고 비닐을 덮어 보관해 먹는다.

TIP

• 무는 껍질째 담아야 영양소 손실도 없고 씹히는 식감도 좋다.

• 실온에서 하루 보관 후 3일 정도 냉장 숙성시킨 뒤 먹는다.

10인분 | 조리시간 30분/ 난이도 ★★★

열무김치

사포닌이 풍부한 열무로 담근 김치계의 인삼

재료	열무 1단, 얼갈이 1단, 굵은 소금 3–4스푼, 대파 1대, 풋고추 4개, 매운 고추 2개, 양파 1/2개, 쪽파 1/2줌
절임물	물 1L, 굵은 소금 1/2컵
양념재료	무 1/5개, 양파 1/2개, 배 1/4개, 양배추 150g(=3컵), 홍고추 10개, 물 8컵
양념	찹쌀풀 4스푼, 고춧가루 1컵, 굵은고춧가루 1/2컵, 액젓 5스푼, 설탕 5스푼, 다진 마늘 3스푼, 굵은 소금 3스푼, 간생강 1스푼

만들기

1 열무와 얼갈이는 뿌리 부분을 칼로 살살 긁어 다듬어 4–6cm로 자르고, 물에 여러 번 헹군다.

2 열무와 얼갈이를 **절임물**에 담갔다가 건진 뒤 굵은 소금을 뿌려 30–40분간 절인다. 절인 열무와 얼갈이는 물에 헹궈 체에 밭쳐 물기를 뺀다.

3 대파와 고추는 어슷하게 썰고 양파는 채 썬다. 쪽파는 3–4cm 길이로 썬다.

4 물 6컵을 사용해 무, 양파, 배, 양배추는 곱게 갈고, 물 2컵을 사용해 홍고추는 굵게 갈아 놓는다.

5 **양념**과 ④의 국물을 고루 섞어 김치양념을 만든다.

6 볼에 열무, 얼갈이, 손질한 채소, 김치양념을 넣고 고루 버무려 밀폐용기에 담아 완성한다.

TIP

• 열무를 버무릴 때 너무 세게 버무리면 풋내가 나기 때문에 주의한다.

• 여름은 밀가루풀, 겨울은 찹쌀풀을 사용하면 좋다.

10인분 | 조리시간 40분(갓 절이는 시간 3시간) | 난이도 ★★★

갓김치

매콤 쌉싸름~ 톡 쏘는 시원한 갓으로 입맛을 살려요.

재료	갓 1단, 굵은 소금 2스푼, 쪽파 1/2단, 액젓 약간, 무 1/5개, 양파 1/2개, 배 1/2개
절임물	물 3컵, 굵은 소금 3–4스푼
양념장	고춧가루 2컵, 황석어젓 4스푼, 액젓 3스푼, 생강즙 2스푼, 다진 마늘 4스푼, 굵은 소금 4스푼, 고추씨 3스푼, 설탕 3스푼, 찹쌀풀 2/3컵

만들기

1 갓의 지저분한 잎은 다듬고 **절임물**에 담갔다가 건진 후 굵은 소금을 뿌려 2–3시간 절인다. 절인 갓은 물에 헹궈 체에 밭쳐 물기를 뺀다.

2 쪽파는 다듬어 씻어 액젓을 뿌리 쪽으로 뿌려 10–15분간 절인다.

3 물 7컵을 사용해 무, 양파, 배를 곱게 갈아 놓는다.

4 **양념장**과 ③의 국물을 고루 섞어 김치양념을 만든다.

5 절인 갓과 쪽파를 가지런하게 놓은 다음 김치양념을 골고루 묻힌 뒤 밀폐용기에 담아 완성한다.

TIP

쪽파를 절인 뒤 나온 국물은 양념장에 섞어 사용하면 좋다.

*재료 고르는 법

갓은 잎의 크기가 적당하고 줄기는 가늘면서 연한 것이 좋으며 솜털 같은 잔가시가 있고 향이 진한 것이 좋다.

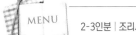
파프리카물김치

비타민이 풍부해 면역력 향상에 도움을 줘요~

재료   무 1/2개, 배추 2장, 색색 파프리카 3개, 사과 1/2개,
       쪽파 7대, 배 1/2개, 마늘 5개, 생강 1/3톨,
       찹쌀풀 1/2컵(찹쌀 : 물=1:10)

양념   천일염 1스푼

선택 재료   다시마물 2리터

만들기

1   무는 나박썰기하고 배추와 함께 소금에 약 30분 이상 절
인 뒤 물에 헹군다.

2   파프리카, 사과도 같은 크기로 썰고 쪽파는 2cm 길이로
썬다.

3   배, 마늘, 생강은 믹서기에 곱게 간 뒤 체에 거른다.

4   김치통에 다시마물 2리터를 넣고 소금간을 하고 재료를
모두 넣어 완성한다.

Tip

간이 살짝 약하게 된 느낌이 적당하다. 바로 먹을 경우 새콤
달콤 레몬청을 넣어도 좋다.

2~3인분 | 조리시간 25분 | 난이도 ★★☆   3인분 | 조리시간 10분 | 난이도 ★☆☆

토마토김치

상큼한 아삭한 별미 중의 별미

| 재료 | 토마토 5개, 무 4cm 1토막, 소금 1스푼, 설탕 1스푼, 양파 1/2개, 쪽파 1/2줌, 색색 파프리카 1/4개 |
| 양념 | 소금 1/2스푼, 설탕 1스푼, 멸치액젓 1스푼, 매실청 1/2스푼, 고춧가루 1½스푼, 다진 마늘 1/2스푼 |

만들기

1 토마토를 깨끗이 씻어 물기를 제거한다. 꼭지 부분을 자르고 반으로 갈라 4등분으로 썬다.

2 무를 얇게 채 썰어 소금, 설탕을 뿌려 15분간 절인 후 물기를 꼭 짠다.

3 양파는 채 썰어 찬물에 담가 매운맛을 제거한다. 쪽파, 파프리카는 토마토 길이에 맞춰 채 썬다.

4 볼에 준비해둔 재료들과 김치 **양념**을 넣고 살살 버무려 완성한다.

TIP

토마토에서 수분이 많이 나오기 때문에 한번에 버무리는 것보단 그때그때 버무려 먹는 것이 좋다.

샤인머스캣김치

김치의 새로운 지평, 알알이 터지는 달달매콤한 맛

| 재료 | 샤인머스캣 2송이, 양파 1/4개, 홍고추 1/2개, 쪽파 2대, 미나리 2대 |
| 양념 | 고춧가루 3스푼, 다진 마늘 1스푼, 찹쌀풀 1스푼, 액젓 2스푼, 소금 1/2스푼 |

만들기

1 샤인머스캣 알을 떼고 깨끗이 씻어 물기를 제거한다.

2 양파와 고추는 얇게 채 썰어 2cm 길이로 썰고, 쪽파와 미나리 줄기도 2cm 길이로 썬다.

3 볼에 준비해둔 재료들과 샤인머스캣, 김치 **양념**을 넣고 살살 버무려 완성한다.

TIP

샤인머스캣은 당도가 높기 때문에 설탕을 사용하지 않는 것이 좋다.

4~5인분 | 조리시간 25분 | 난이도 ★☆☆

땅콩새싹장아찌

숙취해소에 좋은 아스파라긴산이 풍부한 건강반찬

재료　　땅콩새싹 3줌(=500g), 뽕잎 또는 뽕나무 약간,
　　　　만능장아찌간장 10–11컵

선택 재료　표고버섯 2장, 양파 1/4개, 매운 고추 3개

만들기

1　땅콩새싹을 깨끗이 씻은 뒤 채반에 널어 물기를 제거한
　 다.

2　만능장아찌간장에 뽕잎을 넣고 팔팔 끓인 뒤 뽕잎을 건져
　 낸다.

3　표고버섯은 기둥을 떼고 4등분하고 양파는 한입 크기로
　 썬다. 고추는 어슷 썬다.

4　준비한 땅콩새싹을 밀폐용기에 담고 끓여둔 장아찌간장
　 을 부은 뒤 누름돌로 꼭 눌러둔다.

5　차게 식힌 뒤 뚜껑을 닫고 서늘한 상온에서 일주일간 두
　 었다가 냉장고에 보관하여 완성한다.

TIP

장아찌간장을 끓일 때 뽕잎을 넣으면 땅콩새싹의 비릿한 맛
을 잡아준다.

4인분 | 조리시간 10분 | 난이도 ★☆☆

김장아찌

짭쪼름한 양념장에 김을 적셨더니
감칠맛이 입안을 채워요.

재료	김 100장, 쪽파 1/2줌, 홍고추 3개
양념장	간장 2/3컵, 매실청 2/3컵, 올리고당 2/3컵, 고춧가루 2스푼, 다진 마늘 2스푼, 참깨 약간

*대체재료 김 대신 깻잎을 사용해도 좋다. (깻잎을 사용할 땐 양념
　　　　 장에 육수 1/2컵을 추가한다.)

만들기

1 김은 6등분 또는 8등분한다.

2 쪽파, 고추는 송송 썰어 **양념장**에 섞는다.

3 보관 용기에 김을 3~5장씩 깔고 양념장을 끼얹어 완성
　한다.

TIP

· 묵은김을 사용해도 된다.

· 김밥용김, 곱창김을 사용해도 된다.

간장게장

우리 밥상의 원조 밥도둑

재료　　꽃게 1kg(=4마리)

선택 재료　감초

간장양념　간장 2½컵, 물 1컵, 맛술 1컵, 설탕 1/2컵, 생강 3톨,
　　　　　마늘 5개, 대파 1/2대, 양파 1/4개, 건표고 2개,
　　　　　다시마 사방3cm 3장, 매운 고추 2개, 건고추 1개,
　　　　　후춧가루 약간

*대체재료　꽃게 ▶ 새우, 전복, 소라

만들기

1 꽃게는 솔로 등딱지와 다리 사이를 문질러 흐르는 물에
　깨끗이 씻는다.

2 생강은 얇게 썰고 대파와 양파는 3~4토막 낸다.

3 **간장양념** 재료를 모두 넣고 끓여서 차게 식힌다.

4 밀폐용기에 꽃게를 담고 간장을 끼얹은 뒤 뚜껑을 닫아
　냉장보관해 먹는다.

TIP

• 3일 안에 먹는 것이 좋다.

• 냉동보관할 때는 게와 간장을 따로 보관하는 것이 좋다.

2인분 | 조리시간 30분 | 난이도 ★★★

양념게장

게살을 발라 한입 베어물면 집나간 식욕도 돌아온다는

재료	꽃게 1kg(=4마리), 양파 1/4개, 매운 고추 2개, 당근, 오이 1/4개
밑간양념	맛간장 1/3컵, 매실청 1/3컵, 맛술 1컵
양념장	고춧가루 4스푼, 매운 고춧가루 1스푼, 설탕 1스푼, 고추장 2스푼, 다진 마늘 2스푼, 간장 2스푼, 물엿 2스푼

만들기

1 꽃게는 솔로 등딱지와 다리 사이를 문질러 흐르는 물에 깨끗이 씻는다.

2 배 뚜껑을 열어 몸통과 딱지를 분리한 뒤 내장, 입, 다리 끝부분을 잘라내고 모래주머니와 아가미를 떼어낸다. 몸통을 먹기 좋게 반으로 자른다.

3 손질한 꽃게에 **밑간양념**을 넣고 10~15분간 밑간한 뒤 체에 밭쳐 물기를 뺀다.

4 양파는 도톰하게 채 썰고 고추와 당근, 오이는 어슷하게 썬다.

5 큰 볼에 손질한 꽃게와 채소, **양념장**을 넣고 고루 버무려 완성한다.

TIP

• 게 손질이 어렵다면 냉동 꽃게를 사용해도 된다. 냉동 꽃게를 고를 땐 단단하게 얼어 있는 것이 좋다.

• 9월~11월이 제철이며 게가 묵직하고 배 부분이 깨끗한 것이 좋다.

2인분 | 조리시간 20분 | 난이도 ★ ☆ ☆

소라장

달짝지근한 감칠맛이 일품

재료	소라 10개, 양파 1개, 매운 고추 2개, 홍고추 2개, 레몬 1~2개
양념장	간장 1컵, 물 1½컵, 설탕 2스푼, 건표고버섯 3장, 가다랑어포 1/2줌, 다시마 사방3cm 3장, 건고추 1개, 후춧가루 약간

*대체재료   소라 ▶ 연어, 전복

만들기

1 소라는 손질해서 끓는 물에 살짝 데친다.

2 양파는 한입 크기로 썰고 고추는 2cm 길이로 썬다. 레몬은 반 잘라 얇게 썰고 씨를 제거한다.

3 냄비에 **양념장**을 넣고 팔팔 끓인다.

4 밀폐용기에 소라와 손질한 채소, 한 김 식힌 양념장을 부은 뒤 냉장보관해 반나절 뒤에 먹는다.

TIP

오래 보관할 때는 이틀 뒤에 간장물을 따라내 끓인 뒤 한 김 식혀 다시 부어준다.

우렁강된장

우렁의 말랑쫄깃한 식감과 된장의 구수함이 만났다.

재료	대파 1대, 홍고추 1개, 매운 고추 1개, 양파 1/2개, 애호박 1/4개, 표고버섯 2개, 우렁 1컵, 참깨 약간
밑간양념	맛술 1스푼, 후춧가루 약간
양념장	고춧가루 1스푼, 다진 마늘 1/2스푼, 된장 2스푼, 고추장 1스푼, 참기름 1/2스푼

만들기

1 대파, 고추는 얇게 송송 썰고 양파, 애호박은 작게 깍둑썰기하고 버섯은 밑동을 제거해 잘게 썬다.

2 우렁은 끓는 물에 20초 정도 데친 뒤 볼에 넣어 **밑간양념**한다.

3 뚝배기에 참기름을 둘러 양파, 애호박, 버섯을 넣고 2분 정도 볶는다.

4 우렁과 **양념장**을 넣고 3분간 더 볶는다.

5 물 2/3컵을 넣고 3분간 끓이다가 약한 불로 줄여 고추, 대파를 넣고 불을 끄고 참깨를 뿌려 완성한다.

2인분 4~5회 분량 | 조리시간 10~15분(냉장에 재우는 시간 5시간) | 난이도 ★★☆

오징어젓무침

맛있고 깔끔하게 무쳐 먹는 초간단 반찬

재료	매운 고추 2개, 오징어 2마리, 소금 2스푼, 청주 1/2컵, 식초 1/5컵
양념	고춧가루 5스푼, 다진 마늘 2스푼, 다진 생강 1/3스푼, 물엿 4스푼, 참깨 1스푼
선택 재료	참기름 약간

만들기

1 고추는 잘게 다지고, 오징어는 손질해 껍질을 제거한 뒤 채 썬다.

2 볼에 오징어를 넣고 소금 1스푼, 청주 1/2컵, 식초 1/5컵을 넣고 조물조물한다.

3 흐르는 물에 헹군 뒤 체에 밭쳐 물기를 제거한다.

4 오징어에 소금 1스푼, 청주 1스푼을 넣고 섞은 뒤 냉장에 5시간 이상 재어둔다.

5 절여진 오징어는 체에 밭쳐 물기를 뺀 뒤 볼에 담고 고춧가루, 다진 마늘, 다진 생강, 물엿을 넣고 고루 버무린 뒤 고추, 참기름, 참깨를 뿌려 완성한다.

어리굴젓

바다의 우유, 굴로 만든 감칠맛 폭발 밥도둑

재료	굴 550g, 무 1/5개, 양파 1/2개, 매운 고추 2개
밑간양념	매실청 1스푼, 소금 1스푼, 액젓 1스푼
양념장	액젓 1스푼, 배효소 1스푼, 생강즙 1스푼, 양파효소 2스푼, 소금 1스푼, 맛술 2스푼, 다진 마늘 1스푼, 찹쌀풀 1스푼

*대체재료   배효소 ▶ 배음료

양파효소 ▶ 양파즙

만들기

1 굴은 소금물에 헹궈 체에 밭쳐 물기를 뺀다.

2 굴을 **밑간양념**으로 버무려 2시간 정도 재운 뒤 체에 밭쳐 물기를 뺀다.

3 무와 양파는 나박 썰고, 고추는 다진다.

4 볼에 굴, 손질한 채소, **양념장**을 넣고 고루 버무린다.

5 밀폐용기에 담아 3일 정도 숙성시킨 뒤 냉장보관해 먹는다.

TIP

만들 때 간이 있어야 보관이 용이하다.

샐러드·디저트·음료

식사의 시작과 끝을 책임지는 챕터입니다.
신선한 채소로 입맛을 돋우고
달콤한 입가심으로 혀의 여운을 연장시킵니다.
식탁을 풍성하게 만들어 주는 레시피를 소개합니다.

2~3인분 | 조리시간 5~10분 | 난이도 ★☆☆

추억의 과일사라다

샐러드 보다는 사라다란 이름이 더 어울리는 맛

재료 사과 1개, 귤 1개, 단감 1/2개, 땅콩 2스푼,
건크랜베리(or 건포도) 약간

양념 마요네즈 적당량

선택 재료 파슬리가루 약간

만들기

1 사과, 귤, 단감을 한입 크기로 썬다

2 볼에 손질한 과일, 땅콩, 건크랜베리, 마요네즈를 넣는다.

3 고루 버무린 뒤 파슬리가루를 뿌려 완성한다.

TIP

취향에 따라 다른 과일을 넣어도 좋다.

1인분 | 조리시간 5분 | 난이도 ★☆☆

연두부참깨샐러드

보들보들한 연두부와 고소한 참깨 드레싱

재료   어린잎 1줌, 연두부 1모

참깨드레싱 참깨 4스푼, 마요네즈 4스푼, 간장 1스푼, 설탕 1스푼,
식초 1스푼, 후춧가루 약간

만들기

1   어린잎은 흐르는 물에 씻어 체에 밭치고 연두부는 물기를
제거한다.

2   **참깨드레싱** 재료를 볼에 넣어 고루 섞는다.

3   그릇에 연두부, 어린잎, 드레싱을 부어 완성한다.

2인분 | 조리시간 20분 | 난이도 ★☆☆

도토리묵카나페

탱글쌉싸레한 묵으로 만든 핑거푸드

| 재료 | 도토리묵 1/2모, 오이 1/2개, 빨강 파프리카 1/4개,
노랑 파프리카 1/4개, 깻잎 3장 |
| 양념장 | 맛간장 1/3컵, 설탕 1스푼, 고춧가루 1스푼,
참기름 1스푼, 참깨 약간 |

*대체재료 도토리묵 ▶ 두부

만들기

1 도토리묵은 묵칼을 사용해 한입 크기로 썬다.

2 오이는 어슷하게 썰고, 파프리카는 다지고, 깻잎은 얇게
채 썬다.

3 오이, 도토리묵, 깻잎, 파프리카 순으로 올린 뒤 **양념장**
을 뿌려 완성한다.

2인분 | 조리시간 25분 | 난이도 ★☆☆

2인분 | 조리시간 10분 | 난이도 ★☆☆

묵말랭이샐러드

오독한 식감에 한 번, 상큼한 소스에 한 번 반하는 맛

재료	건 묵 200g, 어린잎채소 1줌(=20g), 양상추 3장, 방울토마토 7-10개
드레싱	파인애플효소 5스푼, 식초 2스푼, 레몬즙 1스푼, 다진 양파 1스푼, 소금 약간, 올리브유 2스푼
*대체재료	파인애플효소 ▶ 통조림파인애플, 설탕 1/2스푼

만들기

1 건 묵은 미지근한 불에 불린 후 15분간 데치고, 체에 밭쳐 물기를 뺀다.

2 양상추는 한입 크기로 뜯고 어린잎채소와 찬물에 헹궈 체에 밭쳐 물기를 뺀다. 방울토마토는 깨끗이 씻어 반으로 썬다.

3 준비한 재료들을 골고루 담고 **드레싱**을 뿌려 완성한다.

TIP

묵말랭이를 끓이면 불리는 시간이 절약된다.

게맛살샐러드

부드러운 식감의 게살이 입맛 돋우는 샐러드

재료	오이 1/2개, 양파 1/2개, 당근 1/6개, 크래미 4줄, 소금 2꼬집
샐러드소스	마요네즈 2스푼, 허니머스터드 1/2스푼, 식초 1/2스푼, 설탕 1/2스푼, 참깨 1/2스푼
선택 재료	파슬리가루 약간

만들기

1 오이, 양파, 당근은 채 썰고 크래미는 먹기 좋게 찢는다.

2 오이는 소금을 뿌려 5분간 재운 뒤 키친타월로 물기를 제거한다.

3 볼에 오이, 양파, 당근, 크래미를 넣고 **샐러드소스**를 버무린 뒤 파슬리가루를 뿌려 완성한다.

영양부추굴샐러드

바삭한 굴 튀김과 매콤새콤 부추 샐러드

재료   굴 150g, 쌈채소(=20g), 영양부추 1/2줌, 사과 1/4개, 전분 2스푼,
            부침가루 2스푼, 달걀 1개

드레싱   다진 매운 고추 1스푼, 다진 마늘 1/2스푼, 다진 양파 1/2스푼, 설탕 1스푼,
            맛간장 3스푼, 식초 3스푼, 올리브유 1스푼

*대체재료   굴 ▶ 꼬막, 바지락

만들기

1 굴은 소금물에 헹궈 체에 밭쳐 물기를 뺀다.

2 쌈채소는 한입 크기로 뜯어 찬물에 씻고 체에 밭치고, 영양부추는 깨끗이 씻어
3–4cm로 썰고, 사과는 도톰하게 채 썬다.

3 접시에 전분, 부침가루, 달걀물을 준비해 굴을 순서대로 묻힌다.

4 팬에 기름을 넉넉히 둘러 굴을 노릇노릇하게 부친다.

5 접시에 준비한 채소를 골고루 담고, 굴튀김을 얹은 뒤 **드레싱**을 뿌려 완성한다.

*재료 고르는 법

굴은 패주가 선명하고 속살이 통통하고 단단한 것이 좋다.

2~3인분 | 조리시간 20분 | 난이도 ★★☆

영양부추문어샐러드

피로회복에 좋은 타우린이 풍부한 문어숙회 샐러드

재료　자숙문어(다리) 2개, 양파 1/2개,
　　　색색 파프리카 1/4개씩, 배 1/4개, 영양부추 1/2줌,

드레싱　연겨자 1스푼, 레몬청 3스푼, 간장 3스푼, 식초 3스푼,
　　　다진 마늘 1/2스푼, 다진 양파 1/2스푼, 설탕 2½스푼,
　　　올리브유 1스푼

*대체재료　문어 ▶ 소라살, 새우

만들기

1　자숙문어는 깨끗이 씻어 모양을 살려 얇게 썬다.

2　양파는 얇게 채 썰어 찬물에 헹궈 매운맛을 제거한다. 파
　프리카와 배는 채 썰고, 영양부추는 3~4cm로 썬다.

3　접시에 손질한 채소를 고루 담고 문어를 올린 뒤 **드레싱**
　을 뿌려 완성한다.

TIP

샐러드에 사용할 자숙문어는 데치지 않고 자연해동한 뒤 손
질한다.

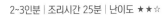

2~3인분 | 조리시간 25분 | 난이도 ★★☆

구운버섯샐러드

버섯의 풍미가 가득한 홈스토랑 메뉴

재료	만가닥버섯 1줌(=60g), 표고버섯 3개, 양송이버섯 4개, 미니새송이버섯 1줌(=150g), 브로콜리 1/4개, 노랑 파프리카 1/2개, 어린잎채소 1줌(=20g), 소금 1/2스푼, 후춧가루 약간
드레싱	연겨자 2스푼, 간장 1스푼, 식초 1스푼, 설탕 1스푼, 올리브유 1스푼, 다진 마늘 1/2스푼

*대체재료   연겨자 ▶ 고춧가루

만들기

1 만가닥버섯은 2–3가닥으로 뜯고 표고버섯과 양송이버섯은 기둥을 떼고 2등분한다.

2 브로콜리는 한입 크기로 썬 뒤 깨끗하게 씻어 끓는 물에 소금을 넣고 데친다. 파프리카는 한입 크기로 썰고 어린 잎채소는 찬물에 헹궈 체에 밭쳐 물기를 뺀다.

3 중간 불로 달군 팬에 브로콜리를 넣고 소금, 후춧가루를 뿌려 앞뒤로 노릇하게 굽고 버섯도 같은 방법으로 굽는다.

4 접시에 준비한 재료들을 골고루 담고 **드레싱**을 뿌려 완성한다.

TIP

버섯마다 특유의 향이 있기 때문에
볶을 땐 각각 볶는 것이 좋다.

단호박샐러드

포근포근하게 쪄먹는 달콤한 샐러드

재료	단호박 1/2개, 아몬드슬라이스 약간
양념	꿀 2스푼, 마요네즈 2스푼(or 생크림)
선택 재료	파슬리 가루 약간

만들기

1 단호박은 한입 크기로 썰어 찜기에 찐다.

2 볼에 찐호박을 넣어 으깬다.

3 마요네즈, 꿀, 아몬드를 섞은 뒤 그릇에 담아 파슬리가루를 뿌려 완성한다.

Tip

취향에 따라 건포도나 건크랜베리를 곁들인다.

단호박죽

입안 가득 부드럽게 퍼지는 달달함

재료	단호박 1/2개, 찹쌀가루 1–2스푼
고명	대추 1개
양념	설탕 4스푼, 소금 1/4스푼
선택 재료	파슬리가루 약간, 건대추 약간, 견과류 약간

만들기

1 단호박은 껍질을 벗겨 한입 크기로 썬다.

2 냄비에 단호박을 넣고 물 4컵을 부어 중간 불에 익을 때까지 끓인다.

3 단호박을 으깬 뒤 설탕과 소금을 넣는다.

4 찹쌀가루에 물 3–4스푼을 섞은 뒤 냄비에 조금씩 부으면서 농도를 맞춰 끓인다.

5 그릇에 담고 파슬리가루, 건대추, 견과류를 올려 완성한다.

토마토마리네이드

방울방울 새콤상큼한 맛!

재료	방울토마토 600g , 양파 1/2개, 바질 3장(없으면 바질가루)
드레싱	올리브유 1/2컵, 레몬즙 1스푼, 발사믹식초 2스푼, 꿀 3~4스푼, 소금 약간, 후춧가루 약간

만들기

1 방울토마토는 깨끗이 씻어 꼭지를 따고 양파는 잘게 다지고 바질은 채 썬다.

2 +모양 칼집을 내 끓는 물을 부은 뒤 40초 뒤에 찬물에 식혀 껍질을 벗긴다.

3 볼에 **드레싱**재료를 넣어 고루 섞는다.

4 방울토마토, 양파, 바질, 드레싱을 골고루 섞는다.

5 내열유리병에 담아 하루 정도 냉장숙성해 완성한다.

3~4인분 | 조리시간 1시간 30분(찹쌀 불리는 시간 5시간)/ 난이도 ★ ★ ☆

약식

식욕을 되살려주는 영양 별미

재료	찹쌀 3컵, 밤 7–10개, 대추 5개, 잣 2스푼, 호박씨 2스푼
양념	흑설탕 1⅓컵, 계피가루 1/2스푼, 간장 4스푼, 참기름 3스푼

만들기

1 찹쌀을 깨끗이 씻어 5시간 이상 불려 놓는다.

2 불린 찹쌀을 깨끗이 씻어 찜기에 넣고 1시간 이상 찐다.

3 밤은 2등분하고, 대추는 돌려깎기해 채 썬다.

4 **양념**에 밤, 대추, 잣, 호박씨를 넣고 고루 버무린다.

5 쪄진 찹쌀밥에 ④를 넣고 고루 버무려 20분간 맛과 색이 들게 재워둔다.

6 찜솥에 물을 넉넉히 붓고 김이 오르면 밤이 익을 때까지 쪄서 완성한다.

TIP

넉넉히 만들어 ⑤의 과정까지만 만들고 냉동실에 소분한 뒤 보관해서 그때그때 쪄먹어도 좋다.

대추청

잠이 안 올 때 따뜻하게 차로 마셔보세요.

재료　　건 대추 32개(=약 120g), 꿀 적당히, 베이킹소다 약간
선택 재료　계피가루 1/2스푼

만들기

1 대추는 베이킹소다로 문질러서 깨끗하게 세척한다.

　　*솔을 사용해서 주름 사이사이를 닦는다.

2 대추는 물기를 제거하고 돌려 깎아 꼭지와 씨를 제거하고
길게 채 썬다.

3 유리병에 대추를 담고 대추가 잠길 정도로 꿀을 넣고 계
피가루를 넣어 한번 저어준다.

Tip

• 열탕소독한 유리병을 사용한다. 대추와 꿀의 양은 취향에
따라 조절한다.

• 대추-꿀-대추-꿀 이런 식으로 넣어도 된다.

• 냉장보관하여 일주일-열흘 뒤에 먹는다.

생강청

부드럽고 깔끔하게 만들어 감기예방까지!

재료　　생강 400g, 설탕 400g(또는 꿀)

만들기

1 생강은 흙을 깨끗이 씻어 헹군 뒤 숟가락이나 칼로 껍질
을 긁어 벗긴 뒤 2-3번 헹구어 물기를 제거한다(시간이
되면 말리는 게 좋다).

2 생강을 얇게 편 썬다.

3 설탕과 1:1 비율로 버무린다.
　⋯ 위에 덮을 설탕 2스푼 정도 남겨놓는다.

4 내열유리병에 담고 맨 위에 설탕 2스푼을 올리고 뚜껑을
달아 완성한다.

Tip

뜨거운 물에 타서 차로 마셔도 좋고, 요리할 때 설탕 대신 사
용해도 좋다.

4~5인분 | 조리시간 30분 | 난이도 ★☆☆

자몽청

우리집을 홈카페로 만드는 달콤쌉쌀 청

| 재료 | 자몽 2개(=약 360g), 자일로스 설탕 1.5컵(=약 300g) |

만들기

1 자몽은 물로 1회 세척한 뒤 베이킹소다로 비벼서 세척한
다. ···▶ 소금을 사용하여 스크럽하듯이 문질러 물에 헹구
어 세척해도 된다.

2 물기를 완전히 제거한 뒤 4–5등분해 알맹이만 꺼낸다.

3 볼에 자몽 알맹이와 설탕을 넣고 주걱으로 고루 섞는다.

4 설탕이 녹으면 유리병에 넣는다.

Tip

• 열탕소독한 병을 사용해 주세요.

• 실온에 반나절–하루 숙성한 뒤 냉장보관한다.

4~5인분 | 조리시간 30분 | 난이도 ★☆☆

키위레몬청

새콤달콤함이 톡톡 터지는 상쾌한 수제청

재료 레몬 2개(=약 240g), 키위 3~4개(=약 320g),
자일로스 설탕 2컵(=약 400g)

만들기

1 레몬은 물로 1회 세척한 뒤 베이킹소다로 비벼서 세척한
다. ⋯ 소금을 사용하여 스크럽하듯이 문질러 물에 헹구
어 세척해도 된다.

2 물기를 완전히 제거한 뒤 0.8cm 두께로 썬다.

3 키위는 껍질을 벗겨 큐브 모양으로 썬다.

4 각각의 볼에 레몬과 키위를 넣고 설탕을 넣어 주걱으로
고루 섞는다.

5 설탕이 녹으면 다같이 섞은 뒤 유리병에 넣는다.

Tip

• 뚜껑을 덮기 전 설탕으로 덮어서 막아주면 더 오래 보관이
가능하다.

• 레몬씨를 제거해야 쓴맛이 덜하다.

삼색식혜

식후에 달달하게 행복 한 모금

재료	엿기름 3컵(=250g), 물 5L, 설탕 2컵, 생강 1톨, 계피 30g
고명	잣 약간, 꽃대추 약간
고두밥재료	멥쌀 2컵, 찹쌀 1컵, 물 2컵

만들기

1 베주머니에 엿기름을 담아 따뜻한 물 3L를 부어 1시간 정도 불린 뒤 바락바락 주물러 준다. 베주머니를 빼고 4–5시간 정도 가만히 두어 앙금을 가라앉힌다.

2 베주머니에 따뜻한 물 2L를 추가로 부어 바락바락 주무른 뒤 베주머니를 빼고 4–5시간 정도 가만히 두어 앙금을 가라앉힌다.

3 전기밥솥에 **고두밥재료**로 고두밥을 짓고 ①, ②번 엿기름 물의 윗물만 살살 붓는다. 설탕 1컵을 넣는다.

4 전기밥솥에서 보온으로 4시간–5시간 정도 삭힌다. 밥알이 5개 정도 뜨면 삭힌밥을 모두 건져서 찬물에 여러 번 씻어둔다.

5 냄비에 옮겨 담고 설탕 1컵, 생강, 계피를 넣고 끓이면서 중간에 생기는 거품은 걷어준다. 끓어 오르면 계피와 생강은 빼낸다. ⋯→ 단맛이 부족하면 설탕을 더 넣는다.

6 식힌 뒤 밥알을 넣고 냉장보관한다.

TIP

• 넓은 볼에 앙금을 가라앉히면 바닥에 넓게 가라앉아 윗물을 거르기 편하고 윗물을 부을 땐 앙금이 들어가지 않게 살살 부어야 맑은 식혜가 된다.

• 삭힌밥을 모두 건져내서 깨끗이 씻어야 밥알이 가라 앉지 않는다.

수정과

계피향이 은은하게 감도는 우리나라 전통음료

재료	생강 50g, 거피계피 50g, 대추 6–8알, 흑설탕 1½컵, 건홍고추 1개

만들기

1 생강은 껍질을 벗겨 얇게 편 썰고 계피는 거피계피로 준비해 깨끗이 씻는다. ⋯→ 거피계피가 없다면 칼로 껍질 부분을 살살 긁어낸다. 대추는 깨끗이 씻어 씨를 발라 준비한다.

2 냄비 2개를 준비해 한쪽은 계피와 대추, 물 1L를 넣고 다른 냄비엔 생강과 물 1L를 넣고 약불로 각각 30분간 끓인 뒤 면보에 걸러 낸다.

3 따로 끓인 계피물과 생강물을 합친 뒤 흑설탕, 건고추를 넣고 설탕이 녹을 때까지 끓인다. ⋯→ 단맛을 추가하고 싶으면 흑설탕을 더 추가한다.

4 건고추를 건져 차게 식힌 뒤 냉장고에 보관해 먹는다.

TIP

계피와 생강을 따로 끓여야 향이 진하고 시간이 지나도 색이 깨끗하다.

9

만능소스

요리가 풍성해지는 비법을 담았습니다.
요리에 대한 자신감을 위한 고민을 담았습니다.
만능소스와 함께라면
요리가 조금 더 쉬워집니다.
요리가 조금 더 맛있어집니다.

맛간장

간장이 들어가는 요리를 한층 업그레이드해 주는

재료 생강 2쪽, 사과1/2개, 배1/2개, 양파 1/2개, 대파 1/2대,
무 1/6개, 매운 고추 2개, 국물용 멸치 1줌(= 약 15마리),
간장 6컵, 물 4컵, 설탕 1컵, 마늘 1컵, 가다랑어포 1컵,
다시마 2장(=10X10cm)

만들기

1 생강은 편 썬다.

2 사과와 배는 씨를 제거해 4등분하고 양파, 대파, 무, 고추
는 4등분한다.

3 국물용 멸치는 머리와 내장을 떼고 마른 팬에 바삭하게
볶는다.

4 냄비에 준비한 재료를 모두 넣어 센불에서 끓인다.

5 국물이 팔팔 끓으면 불을 약하게 줄여 20분간 푹 끓인 뒤
불을 끈다.

6 체에 거르고 유리병에 담아 냉장보관한다.

만능요리간장

감칠맛을 높여 요리가 쉬워지는

재료 흑설탕 3컵, 간장 3컵, 올리고당 1⅔컵, 굴소스 1/2컵,
다진 마늘 2스푼, 후춧가루 1스푼, 가다랑어포 20g

만들기

1 냄비에 분량의 재료를 넣어 끓인다.

2 끓기 시작하면 중불로 줄여 20분간 더 끓인다.

3 넓은 체에 밭쳐 깨끗하게 거른다.

4 완전히 식힌 뒤 밀폐 용기에 담아 냉장보관한다.

만능장아찌간장

입맛 돋우는 밑반찬을 위한 황금비율

재료 | 사과 1/4개, 배 1/4개, 양파 1/2개, 대파 1/2대, 간장 2컵, 물 2컵, 맛술 2컵, 식초 1컵, 멸치액젓 1컵, 설탕 3½컵, 대추 5개, 표고 3장, 다시마 2장(=10X10cm)

만들기

1 사과와 배는 씨를 빼 4등분하고 양파, 대파는 3-4등분 한다.

2 냄비에 준비한 재료를 모두 넣어 센불에 끓인다.

3 국물이 팔팔 끓으면 약불로 줄여 20분간 푹 끓이고 불을 끈다.

4 체에 거른 뒤 유리병에 담아 냉장보관한다.

만능조림양념장

평범한 조림도 비법조림으로 만들어 주는 양념장

재료 | 간장 2컵, 육수 5컵, 맛술 1컵, 설탕 2/3컵, 고춧가루 1컵, 다진 마늘 2/3컵, 생강즙 3스푼, 표고가루 1스푼

＊대체재료 | 양파효소 ▶ 양파즙

만들기

1 준비한 재료들을 고루 섞어 밀폐 용기에 담아 냉장보관 한다.

만능청국장양념

구수한 청국장의 맛과 향이 질리지 않아요.

재료   된장 2컵, 청국장 2컵, 올리고당 1컵, 매실청 1/2컵,
고춧가루 3스푼, 다진 마늘 2스푼, 다진 생강 2스푼

만들기

1   준비한 재료들을 모두 고루 섞어 밀폐 용기에 담아 냉장
보관한다.

만능고추장양념

비빔장에도, 볶음요리에도, 두루 어울리는 만능양념!

재료   고추장 2컵, 고춧가루 3컵, 간장 1컵, 올리고당 2컵,
배효소 1/2컵, 양파효소 1/2컵, 다진 마늘 4스푼,
다진 생강 2스푼, 소금 1/2스푼

*대체재료   배효소 ▶ 배즙

양파효소 ▶ 양파즙

만들기

1   준비한 재료들을 모두 잘 섞어 밀폐 용기에 담아 냉장보
관한다.

만능육수

모든 요리의 기본은 육수!

재료	국물용 멸치 8마리, 디포리 6마리, 건새우 5마리, 황태머리 1개, 무 1/5개, 대파 1대, 다시마 2장(=10X10cm), 물 1.5–2리터

만들기

1 냄비에 재료를 모두 넣고 끓인다.

2 끓어오르면 중약 불로 줄여 20분 이상 끓인다.

다시(육수)팩 만들기

이것 하나면 육수 10분 완성!

재료	국물용 멸치 4–5마리, 디포리 2마리, 건새우 5마리, 다시마 2장(=5×5cm)
선택재료	고추씨 약간

만들기

1 냄비에 모든 재료를 넣고 물 5컵을 부어 끓인다.

2 끓어오르면 중불에 10분 이상 끓인다.

Index

ㄱ

가지덮밥   184

가지전   89

가지튀김만두   88

간장게장   222

간장닭다리구이   96

간장떡볶이   191

간장비빔국수   180

간장파래무침   123

갈치구이   93

갈치조림   70

감말랭이무침   131

감자채스팸양파볶음   51

갑오징어닭볶음탕   168

갓김치   216

갓김치볶음(+갓김치덮밥)   183

강황두부톳무침   125

건새우견과류볶음   34

건유채나물볶음   37

건파래무말랭이무침   123

검정콩비지찌개   156

게맛살샐러드   233

고구마볼 튀김   90

고등어무조림   70

고등어엿장구이   94

고사리볶음   30

고추장감자조림   53

고추장아찌   202

곤드레밥   192

골뱅이도토리묵무침   132

과일배추겉절이   198

과일비빔국수   181

구운가지무침   120

구운버섯샐러드   237

구운새송이무침   119

김볶음   26

김장아찌   221

김치덮밥   182

김치전(+치즈김치전)   83

김치참치볶음   50

김치참치찌개   149

꼬막무침(+꼬막비빔밥)   126

꼬막탕수육   91

꽈리고추멸치볶음   32

꽈리고추찜   32

ㄴ

나물밀전병   107

나박김치   210

느타리버섯 들깨 무침   121

느타리버섯볶음   42

느타리버섯흑임자무침   121

ㄷ

다시마멸치조림   33

다시(육수)팩 만들기   251

단호박샐러드   238

단호박훈제오리볶음   66

단호박죽   238

달걀장조림 35

달걀찜 153

달래무침 117

닭가슴살수삼냉채 134

대추청 241

대패삼겹살김치롤찜 176

더덕무침 138

도라지무침 116

도토리묵카나페 232

돌나물물김치 207

동남아식굴전 85

동태찌개 171

돼지고기숙주볶음 61

돼지고기양배추볶음 59

돼지고기김치찌개 157

돼지고기두루치기 60

돼지고기묵은지찜 158

된장찌개 155

두부전 78

두부조림 31

들깨 감잣국 163

들깨삼계탕 170

등심양념구이 100

등심찹쌀구이 101

땅콩새싹장아찌 220

땅콩조림 43

ㅁ

마늘닭강정 97

마늘종건새우볶음 34

마늘종무침 117

마늘종소고기볶음 64

마늘표고버섯영양밥 185

마라감자볶음 51

마약달걀 52

마파두부 72

만능고추장양념 250

만능요리간장 248

만능육수 251

만능장아찌간장 249

만능조림양념장 249

만능청국장양념 250

말랑콩자반 43

맛간장 248

매운고추피클 204

매운돼지갈비찜 174

매콤알감자조림 57

매콤콩나물무침 45

명란달걀말이 27

모둠전(깻잎전, 새우전, 고추전, 육전, 표고버섯전) 86

모둠버섯전골 164

무나물 36

무생채 199

무장아찌 200

무청시래기청국장무침 36

묵말랭이샐러드 233

묵말랭이잡채 137

미나리꼬막무침 132

미나리비빔국수 181

미니새송이버섯볶음 42

미역무침 128

미역줄기볶음 38

ㅂ

바지락미역국 162

바지락볶음 69

반건조가지나물볶음 39

밥버거 189

배추청국장무침 115

배추된장국 154

배추전 81

부대찌개(존슨탕) 150

부추나물 37

부추무침 112

부추장떡 81

불고기 98

비트피클 204

ㅅ

삼색식혜 244

삼치구이 94

상큼톳무침 125

생강청 241

샤인머스캣김치 219

섞박지 213

소고기김치찌개 160

소고기메추리알장조림 22

소고기뭇국 159

소라장 224

소시지감자카레조림 58

소시지채소볶음 58

수정과 245

수제돈까스 106

숙주나물무침 44

순두부찌개 146

시금치더덕무침 139

시금치전 80

시래기바지락된장국 153

ㅇ

아삭이고추청국장무침 118

아삭이고추물김치 203

아삭이고추소박이 203

알감자베이컨조림 48

알탕 142

LA갈비구이 102

LA갈비찜 172

애호박건새우볶음 24

애호박게맛살전 77

애호박피자 106

약식 240

양념게장 223

양배추피클 205

양파장아찌 201

양파참치전 79

어리굴젓 227

어묵볶음(+마라) 26

어묵탕 148

연두부참깨샐러드 231

연어구이 93

연어장(+연어덮밥) 186

열무김치 214

영양부추굴샐러드 234

영양부추문어샐러드 236

옛날떡볶이 190

오리불고기 65

오리주물럭 64

오므라이스 188

오삼불고기 98

오이소박이 208

오이닭가슴살볶음 55

오이무침 113

오이물김치 206

오이지무침 114

오이피클 205

오징어뭇국 166

오징어미나리무침 133

오징어볶음(+오징어덮밥) 187

오징어젓무침 226

옥수수참치전 79

우렁강된장 225

유채나물청국장무침 122

육개장 144

육회 136

ㅈ

자몽청 242

잡채 193

제육볶음 62

주꾸미볶음 68

진미채간장무침 28

진미채고추장무침 29

짜장덮밥 192

찜닭 171

ㅊ

찹스테이크 104

청국장찌개 156

추억의 과일사라다 230

취나물볶음 30

ㅋ

코다리양념구이 108

코다리조림 71

콩나물불고기 99

키위레몬청 243

ㅌ

토마토마리네이드 239

토마토가지볶음 57

토마토김치 219

토마토낫토밥 194

토마토달걀볶음 56

토마토홍합찜 167

톳전 84

ㅍ

파김치 212

파래굴무침 124

파래달걀말이 27

파프리카물김치 218

파프리카스팸전 76

팽이버섯전 82

표고버섯밥전 92

표고버섯조림 54

표고탕수육 91

ㅎ

해물잡채 193

해물파전 83

해파리냉채 130

햄짜글이찌개 152

호박고지나물볶음 40

홍어무침 136

홍합탕 167

황태구이 95

황태껍질강정 95

황태미역국 161

흑임자청포묵무침 131